培訓叢書 ㉞

情商管理培訓遊戲

江凱恩　呂承瑞/編著

憲業企管顧問有限公司　發行

《情商管理培訓遊戲》

序　言

針對目前最熱門的情商管理培訓，本書 2016 年出版，這是一本專門針對「如何透過培訓遊戲而提升員工情商管理能力」的工具書，全書以培訓遊戲、故事、文章形式來強化培訓管理績效，深受企業、培訓師喜愛。

早期的培訓方法，著重在技能的講授，會使得培訓工作變得乏味、緩慢、低效率。最新的培訓方法是**藉助於各種精心設計的培訓遊戲，將培訓重點藉著遊戲而貫注於學員身上。**

越來越多的企業，培訓工作都爭相採用「培訓遊戲」，主要就是各種培訓遊戲其內容豐富，形式多樣，培養學員對課程產生了濃厚的興趣，促進了其學習的積極性。本書就是以培訓遊戲、故事、文章形式來強化培訓管理績效，深受企業、培訓師喜愛。

世界上有許多著名的公司，創下了一次又一次的輝煌成績，但這些公司的 CEO，其實很多都是該領域的「門外漢」，也就是我們常說的專業項目不對。

1971 年，成為該公司 GE 化學與冶金事業部總經理。1979 年，成為通用公司副董事長，兩年後，他成了這家巨頭公司有史以來最年輕的 CEO，他就是被稱為二十一世紀最偉大的 CEO 傑克・韋爾奇。和他成就相悖的口吃「缺陷」，使人們對他更加敬佩。這位偉大的 CEO 的成功有何秘訣？

當時美國一檔很出名的財經訪談節目採訪了傑克·韋爾奇，主持人問了這麼個問題:「你認為一個傑出的領導者能夠帶給企業的最重要的東西是什麼？」

傑克·韋爾奇說:「激情。」

主持人又問:「你認為成為一個優秀的企業家最重要的個人素質是什麼？」

傑克·韋爾奇回答:「情商。」

正是擁有高情商，口吃的傑克· 韋爾奇叱吒商場。他曾說過，我們的行為是由一個最基本的核心信念所支配的，對我而言，基於情商的領導力，是釋放員工能量，達成團隊共贏的絕招。人們的生活中無時無刻不進行著無硝煙的競爭比賽，但比的不是智商的高低，不是專業技能，而是為人之道，也就是我們常說的情商。

一個人要想獲得成功，就必須擁有一定的智商，但擁有高智商的人並不一定就意味著能獲得成功。智商高不等於成功；情商，才是成功的必需品。

將情商看得比智商還要重要，因為 EQ 是一個人的成功因素中重要且必要的，成功、成就、升遷等等原因的 85%是因為我們的正確情緒，而僅有 15%是由於我們的專業技術。

智商（Intelligence Quotient，簡稱 IQ）是一種與生俱來的能力，後天的改變只能改變它的表達方式，情商管理(Emotional Quotient，簡稱 EQ)則是一種自我管理情緒的能力，是在後天的學習中一點點積累起來的。

所謂的情商，其實就是人類在對自我的瞭解、對自我的管理、對自我的激勵、對人際關係的處理以及對於自己和他人情緒控制的過程中，透過一些社會信號所表現出來的一種社會心理智慧。二十一世紀要求社會成員中的每一個個體，漸具有高情商的人性。

高情商者的典型特點：性格開朗，喜歡與不同的人打交道，樂於助人，富有責任心、同情心；通常不會受到焦慮、恐懼等情緒的困擾，時刻保持著積極向上的心態，與他人交往時，會讓他人感覺到很自在。

情商比智商更重要的。現代社會已經不是一個僅靠單槍匹馬走天下的社會了，團隊精神很重要。怎樣增強自己團隊的合作意識已經關係到企業的生存發展。從某種意義上說，一個企業的盈利應歸功於一大群人，而不是一個人。而一個人事業的成敗則更大程度歸功於他的情商，一個人的智商無法改變的，但情商是可以改變的，做一個成功的人就要不斷完善自己的情商。

偉大哲學家蘇格拉底是單身漢的時候，和幾個朋友一起住在一間只有七八平方米的小屋裏但他一天到晚總是樂呵呵的。

有人問他：「那麼多人擠在一起，連轉個身都困難，有什麼可樂的？」

蘇格拉底說：「朋友們在一起，隨時都可以交換思想、交流感情，這難道不是很值得高興的事嗎？」

過了一段時間，朋友們一個個成家了，先後搬了出去。屋子裏只剩下蘇格拉底一個人，但是他每天仍然很快活。

那人又問：「你一個人孤孤單單的，有什麼好高興的？」

蘇格拉底說：「我有很多書啊！一本書就是一個老師。和這麼多老師在一起，時時刻刻都可以向它們請教，這怎不令人高興呢？」

幾年後，蘇格拉底也成了家，搬進了一座大樓裏。這座大樓有 7 層，他的家在最底層。底層在這座樓裏是最差的，不安靜、不安全，也不衛生。上面老是往下面潑污水，丟死老鼠、破鞋子、臭襪子和其他的髒東西。

那人見蘇格拉底還是一副喜氣洋洋的樣子，好奇地問：「你住這樣的房間，也感到高興嗎？」

「是呀！」蘇格拉底說，「你不知道住一樓有多少妙處啊！例如，進門就是家，不用爬很高的樓梯；搬東西方便，不必花很大的勁兒；朋友來訪容易，用不著一層樓一層樓地去叩門詢問……特別讓我滿意的是，可以在空地上養一叢花、種一畦菜，這些樂趣呀，數之不盡啊！」

過了一年，蘇格拉底把一層的房間讓給了一位朋友，這位朋友家裏有一個偏癱的老人，上下樓很不方便。他搬到了樓房的最高的第七層，可是他每天仍是快快活活的。

那人問：「先生，住七層也有許多好處吧？」

蘇洛拉底說：「是啊，好處多著哩！每天上下幾次，這是很好的鍛鍊機會，有利於身體健康；光線好，看書寫文章不傷眼睛；沒有人在頭頂干擾，白天黑夜都非常安靜。」

後來，那人遇到蘇格拉底的學生柏拉圖，他問：「你的老師總是那麼快快樂樂，可我卻感到，他每次所處的環境並不那麼好呀？」

柏拉圖說：「決定一個人心情的，不是在於環境，而是在於心境。」

達爾文進化論告訴我們「適者生存」，情商能夠幫助我們更好地適應社會，而智商只能構築我們的知識層面。所以現今這個社會，情商比智商更重要。

智商受先天因素的影響，後天的開發受到了一定局限；而情商很大程度上受後天因素的影響，可以透過不斷的培養，獲得提升。

智商大多由先天因素決定，難以更改；而情商卻是可以從小培養的，即便成年之後，情商還是可以透過訓練得到提高。

在職場道路上，你究竟想要走多遠？回頭看看自己的情商吧，讓你的情商來決定你的崗位競爭力。

「培訓遊戲」是從案例教學討論中發展而來的。在國外，這種培訓通稱爲「做中學」(learning by doing)，單純的講課方式已很少採用，而是讓受培訓者走出工作室，在相對集中的一段時間內參與各種遊戲，在遊戲中培養正確心態。

遊戲，也許有人對它嗤之以鼻，認爲「不能登大雅之堂，是小孩子玩的東西」，但是「培訓遊戲」在企業培訓工作上佔有舉有足輕重的地位。

學習方式	觀眾的行動	記憶百分比
演講	聽	10%
演講及示範	聽及看	25%
測驗	聽、看、讀、寫	45%
角色扮演、研討、遊戲、模仿	聽、看、讀、摸、做	85%

「培訓遊戲法」是當前一種較先進的高級訓練法，培訓遊戲透過讓學員完成一些帶有趣味性、風險性的活動，讓學員體會娛樂和戰勝挑戰後的成就感，認識到個人的潛力，從而提高其面對工作挑戰的自信心。

2016 年 4 月

《情商管理培訓遊戲》

目　錄

精彩培訓遊戲

趣味十足測試

精彩情商文章

遊戲 1

如何平靜你的情緒

遊戲目的：

看似無關緊要的事物如何影響情緒。此訓練活動介紹如何提供平靜心情、重建情感基礎的技巧。

導師或教練將引入一種令人感到煩躁的刺激性影響力。這種影響力停止後，將提問參與者在關注「刺激干擾」期間情緒發生了何種變化。導師將帶領團隊進行平靜的形象化過程。最後，要求團隊思考整個體驗過程，並聯想如何在生活中管理情緒。導師須平和地引導一種體育運動從而增強自我察覺。

遊戲人數：常設團隊、獨立團隊、一對一輔導

遊戲時間：25～40 分鐘

遊戲材料：

· 「認識情緒波動」材料(見附件)

· 活頁掛圖和記號筆

· 刺耳、令人煩躁的吵鬧音樂

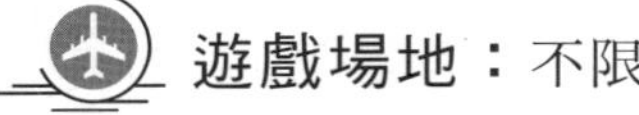

遊戲場地：不限

遊戲步驟：

1. 與參與者討論情商（或選擇的其他話題）。

2. 幾分鐘後，打開吵鬧的音樂。使音樂的音量足以讓每個人聽見，但不會過大。你（導師）就像沒有播放音樂一樣，保持原態。你不必根據音樂做出任何反應。

· 如果有人要求你停止播放音樂，平和地告訴他，音樂一會兒就會停止。

· 如果有人讓你把音樂的音量調低，假裝照辦，但實際上並沒改變音量。

3. 在對情商討論的總結中，提問客戶「認識情緒波動」材料上的 10 個問題。此時，切勿發放材料。

4. 組織團隊做「環環相扣」活動，旨在增強自我察覺，降低緊張情緒。此項活動有助於重新構建情感中心，個體感到氣憤、困惑或難過等情緒時頗為有效。

「環環相扣」這個動作連接著體內的電路，集中於注意力和紊亂能量。隨著大腦和身體的放鬆，能量透過原處緊張狀態而阻塞的區域得以循環。

要點一：坐在椅子上，左腳搭在右腳上。伸展雙臂，左手腕與右手腕交叉。然後，交叉手指，雙手向體內翻轉。現在可以閉上雙眼，深呼吸，放鬆一分鐘。可選項：吸氣時，舌頭平頂上牙膛，呼氣時，舌頭放鬆。

要點二：準備就緒後，雙腿平放。十指指尖相互接觸，繼續深呼吸，保持一分鐘。

5. 發放材料，和團隊一起評價材料最後的拓展訓練活動。參與者承諾：嚴格按照這種方式進行並記錄情感波動，直到它成為自然的習慣，發現自己能夠自然而然地檢查自己的情緒。

遊戲討論：

· 加深對情緒變幻莫測的特性的認識。

· 深入理解次要事件如何影響情緒。

· 深刻察覺改變的情緒如何影響人際交往。

· 掌握重建情緒為核心的技巧。

平時完成這項訓練活動。

在特定的時刻，停下來，檢查你的「情感波動」，記錄即時發生的事情。

· 確定白天和晚上進行「情感波動」檢查的具體時間；

· 在筆記本、電子記事簿或約會本中定期記錄你對下列問題的反應：

你現在感覺怎麼樣？

你什麼時候開始有這種感覺的？

你為什麼有這種感覺？原因是什麼？

◎附件——「認識情緒波動」材料

1. 最初構建關係時，你有什麼感受？
2. 此刻你有什麼感受？
3. 為什麼有不同的感受？
4. 對音樂，你的情緒會有什麼反應？它是否影響你的態度？
5. 這種變化是瞬間形成，還是需要幾分鐘的構建過程？
6. 音樂讓你在與他人的積極互動中更開放，還是更保守？

7. 播放音樂時，你對導師或教練有什麼感受？

8. 列舉音樂對你的情緒和態度產生影響的所有方式。

9. 音樂關閉時，你有什麼感覺？

10. 音樂關閉時，播放時產生的消極情緒是否會隨即消失了？

11. 思考人生中的一種情境：你感到很好（或很糟糕），某件事或新信息突然讓你的情緒發生巨大的變化。發生了什麼變化？它對你與他人的人際交往程度產生了什麼影響？

遊戲 2

找出別人的優缺點

遊戲目的：瞭解自己在別人眼中的優缺點

遊戲人數：團隊參與

遊戲時間：30～45 分鐘，視團隊人數而定

遊戲材料：「優點與缺點」表格、鋼筆

遊戲場地：室內

遊戲步驟：

1. 主持人讓參與者知道，他們每個人都將有機會去指出團隊中每個人的優點和缺點，即你喜歡或不喜歡某人的某一方面。

2. 告知每個人這是一項保密的活動，不會告訴他是誰寫的他的優點與缺點。

3. 給每個人一張「優點與缺點」的表和一隻鋼筆，並告訴他們每個人至少為其他人寫出一條自己喜歡或不喜歡的內容。

4. 收集每張表，混合在一起並對每個人念出寫給他們的意見。

遊戲討論：

此遊戲要求每個參與者在無任何威脅的情況下，寫出其他人的優點及缺點。它特別適用於同一組或一同工作的人，或者團隊中互相瞭解的成員。遊戲結束後，建議討論以下問題：

1. 所有的意見都正確嗎？

2. 有沒有互相矛盾的意見？

3. 現在是否有人不願意別人和自己同在一組？

◎附件——「優點與缺點」表格

優點	缺點

遊戲 3

閉目瞑想，憧憬未來

遊戲目的：夢想未來的自己

遊戲人數：2 人以上

遊戲時間：30 分鐘

遊戲材料：無

遊戲場地：不限

遊戲步驟：

1. 參與者進入放鬆的狀態。當聽到主持者用舒緩的語調覆述下面的內容時，請自由地呼吸並閉上眼睛。

主持者覆述：

自由呼吸，心無雜念。我將帶你進行一次想像之旅。集中注意力於我的語音，並感覺你的身心在越來越放鬆……繼續放鬆……

在你週圍是一片黑暗……你完全為夜色所包圍……你感到溫馨、放鬆和自如。集中神志於你的呼吸，輕鬆地慢慢呼吸。集中神志於你週圍的令人舒服的夜色，在遠處，你仿佛看到了一個圓圓的小物體。慢慢地，它離你越來越近，最後離你只有 1 米遠；它懸掛在黑色的夜中，就在你的眼前。在這個物體上有一個鐘錶，它的時針和分針都指向了 12，這是一個普通的錶，有黑色指標和普通的白色的錶盤。

當你繼續集中神志於錶盤和指向 12 的指標的時候，你開始感到時間好像凝固了。現在，慢慢的，分針開始沿著錶盤走動，開始的時候很慢，然後稍快，後來更快。在幾秒鐘的時間之內，它已轉了一圈，時針現在指向 1 點了。分針繼續轉動，而且速度越來越快，因此，時針也從一個數字跳到了另一個數字，而且速度越來越快……當指標繼續繞著錶盤旋轉的時候，你感到自己正被輕輕地拉起……輕輕地被拖進未來之城……當你在穿越時間的時候，縷縷的空氣輕輕地擦著你的肌膚……直到最後，你開始慢下來……錶針終於停下來了，整整 10 年已經過去了。

你向左邊的遠處看去，你看到在光亮的地方有個人。那個人就是你，10 年後處在理想的工作環境中的你。對你來說萬事如意。將你的意識融到未來的你的身上，去感受未來的溫馨和積極。現在，環顧四週，看看誰和你在一起？你看到了什麼樣的工作環境？你看到了什麼樣的設施和傢俱？週圍的人在說什麼？這裏有一扇窗戶，你能看到窗外嗎？如果能，你看到了什麼？集中神志於你能看到的、感覺到的和聽到的細節，並讓自己去感受未來你將取得的成就和純粹的滿足……

現在，你感到自己又被拖進了黑暗中。在遠處，另一個場景開始浮現。就在正前方，你看到自己在另一個光明之地。這次是整整 10 年之後，你處於一個理想的家中，諸事完美……萬事如意……你的身心洋溢著溫馨、自豪的感覺……在光明之地環顧四方，看看誰和你在一起？你看到了什麼？儘量集中神志於聲音，讓意象越來越清晰。集中神志於你能看到的、感覺到的和聽到的細節，並讓自己去感受未來你將取得的成就和純粹的滿足。

當你又被輕輕地拉向黑暗時，光明之地開始暗下來……當我告訴你睜開眼睛時，你將重新回到現在，你將回憶起美好的未來，那些美妙的成就感和滿足感將在心中駐留……好了，慢慢睜開你的眼睛，你又回到了現在。

2. 參與者記下某些意象中的細節，寫一個簡短的計劃，表明自己在從現實到想像的過程中有什麼收穫。

3. 團隊討論想像和規劃的重要性。

遊戲討論：

這是一個能充分激發大家想像力和生活熱情的遊戲，透過憧憬美好的未來，參與者可以暫時忘掉壓力和不愉快，從而得到一定的放鬆和休息。同時，參與者對未來的憧憬也不會白費，他們可以把這份美好的希望投入到學習和工作中，去為自己的目標奮鬥。有夢想，就會有改變。

遊戲結束，建議主持者引導參與者討論以下問題：

1. 在光明之地你看到了什麼？
2. 當看到這些景象的時候，你感覺如何？
3. 在你睜開眼睛之後，成就感和滿足感還在延續嗎？
4. 展望美好的未來怎樣改進了你的生活？

遊戲 4

交叉相握的手

遊戲目的：適應變化

遊戲人數：團隊參與

遊戲時間：15～20 分鐘

遊戲材料：無

遊戲場地：室內

遊戲步驟：

這個遊戲主要告訴我們，面臨改變的時候，我們應該採取什麼樣的態度。

1. 讓參與遊戲的人十指交叉相握，做祈禱狀。

2. 讓大家低頭看一下自己的手指是怎樣交錯的。現在，讓他們將兩手分開，再重新十指交叉，但與剛才不同，如果原先左手拇指在上，現在右手拇指在上。

3. 對有些人來說，這種身體的變化是沒有問題的，但對大多數人而言，即便是這樣一個小小的改變也會讓人不舒服甚至感到彆扭。

遊戲討論：

在遊戲中，我們被迫改變時會感到不自在並且會有抵觸情緒。可以多做幾次，就會慢慢適應。

遊戲結束後討論如下問題：

1. 當手指放在新的位置時，你們中有沒有人覺得不自在，為什麼？

2. 「人們抗拒改變」的說法你同意嗎？如果同意，為什麼？

3. 我們可以採取那些辦法來減少對改變的抗拒？

遊戲 5

你的判斷力

遊戲目的：訓練敏銳的洞察力

遊戲人數：最佳人數 12～16 人

遊戲時間：不限

遊戲材料：與人數相等的撲克牌

遊戲場地：不限

遊戲步驟：

1. 假設參加遊戲的共 13 人，選 1 人做法官。由法官準備 12 張撲克牌。其中 3 張 A，6 張為普通牌，3 張 K。眾人坐定後，法官將洗好的 12 張牌交由大家抽取。抽到普通牌的為良民，抽到 A 的為殺手，抽到 K 的為員警。自己看自己手裏的牌，不要讓其他人知道你抽到的是什麼牌。法官開始主持遊戲，眾人要聽從法官的口令，不要作弊。

2. 法官說：「黑夜來臨了，請大家閉上眼睛。」等大家都閉上眼睛後，法官又說：「請殺手殺人。」抽到 A 的 3 個殺手睜開眼睛，殺手此時互相認識一下，成為本輪遊戲中最先達成同盟的群體。由任意一位殺手示意法官，殺掉一位「良民」。法官看清楚後說：「殺手閉眼。」稍後法官說：「員警睜開眼睛。」抽到 K 牌的員警可以睜開眼睛，相互認識一下，並懷疑閉眼的任意一位為殺手，同時看向法官，法官可以給一次暗示。完成後法官說：「所有人閉眼。」稍後法官說：「天亮了，大家都可以睜開眼睛了。」

3. 待大家都睜開眼睛後，法官宣佈誰被殺了，同時法官宣佈讓大家安靜，聆聽被殺者的遺言。被殺者現在可以指認自己認為是殺手的人，並陳述理由。遺言說罷，被殺者本輪遊戲中將不能再發言。法官主持由被殺者身邊一位開始任意方向依次陳述自己的意見。

4. 意見陳述完畢後，會有幾人被懷疑為殺手，被懷疑者可以為自己辯解。由法官主持大家舉手表決，選出嫌疑最大的兩人，並由此二人作最後的陳述和辯解。再次投票後，殺掉票數最多的那個人。被殺者如果是真正的兇手，不可再講話，退出本輪遊戲。

被殺者如果不是殺手，則可以發表遺言及指認新的懷疑對象。在聆聽了遺言後，新的夜晚來到了。

如此往復，殺手殺掉全部員警即可獲勝，或殺掉所有的良民亦可獲勝。員警和良民的任務就是儘快抓出所有的殺手，以獲得勝利。

遊戲討論：

這個遊戲主要訓練的是判斷力。無論是殺手還是員警，都在人們的敍述中作出判斷，殺手殺掉全部的員警後即勝利；員警和良民在齊心協力下，抓出殺手就是勝利。不管是那一方獲勝，都需要有敏銳的洞察力和準確的判斷力。

做好這個遊戲需要四種角色，每個人都要演好自己的角色。

第一種：法官。

1. 按程序辦事。因為事關「生死」，每個人都想說話，這個遊戲容易造成混亂的局面，法官要嚴格按程序辦事，發言者言盡則止，不能反覆陳述。

2. 嚴防「死人詐屍」，這會使得遊戲的趣味減少很多。在這個遊戲中，最有趣的情況就是，死去的人什麼都明白，但他已經失去了說話的權利。

3. 威嚴。法官要說話算話，不要反覆。在辯論出現混亂和僵持的時候要果斷決定：現在投票，讓大家舉手說話。

4. 注意節奏。往往在遊戲開始的時候，大家發言不踴躍，這時可以讓發言者儘量快些，加快節奏有助於激發參與者的積極性；而越到後面，情況越緊急、越微妙，裁判越要放慢節奏，給每個人充分辯解和思考的時間。

5. 中立。絕對不能流露出一點帶傾向性的評論，不要和發言者討論。法官最常用的詞應該是「大家閉眼」、「好，天亮了」、「說完了嗎」、「還有其他的嗎」、「確定」、「請舉手」「某某死了」等。

第二種：良民。

1. 做好充分的心理準備：被殺死的準備。在第一夜，殺手會無情地殺死一個良民，在座的每個人都可能成為第一個「受害者」，這個人會「死」得很難看。天亮時，你已經「死」了，而每個人看上去都很無辜，但你還要留下線索，這時往往直覺的作用很大，判斷失誤率也較高，很可能誤導剩下的良民。此後「慘案」陸續發生，良民的神經也更加緊張，黑夜裏你可能「死」於殺手的刀下，白天你可能「死」於良民們的錯誤判斷。

2. 要用自己的風格(沉默、微笑、辯解、澄清等)讓大家相信你真的是良民。大多數時候，真誠是很重要的，尤其在人多時，你的猶豫和不堅定會掀起群體性的懷疑和攻擊。

3. 一定要指出你的懷疑對象。因為不老實的殺手總是指東指西，一副猶疑不決的樣子。作為良民，你一旦表現得不確定，良民們是不會對你手軟的。

4. 注意觀察被殺者的順序。任何一個殺手都有自己的「殺人」風格。例如先殺男再殺女、先殺身邊的再殺對面的，等等。而且，當有兩個或兩個以上殺手時，你要考慮什麼樣的殺手組合會以什麼樣的順序殺人。這裏的經驗是：優秀的殺手總是先殺不太受人注意的人物，因為他們留下的線索最少。

5. 注意投票裁決殺手時的舉手情況。不老實的殺手容易跟風，他會在關鍵時候最後舉手(或不那麼堅定)，以便達到殺一個人要求的半數票。

6. 找出不老實的殺手要靠邏輯分析，但遇到手段高超的殺手，你就要憑感覺了。有一個秘訣：當遊戲進行到最後，那個表現最成熟、理由最充分、看起來最無辜的人，是殺手的可能性往往最大。

第三種：殺手。

1. 絕對鎮定。第一次當殺手的人總是按捺不住激動，從臉色、小動作、談話語氣中就很容易暴露出自己的身份。而真正的冷面殺手最好面無表情，至少在剛剛拿到「殺手」牌的時候要做到這一點。

2. 儘量自然。在遊戲過程中，你要像往常一樣，該說就說、該樂就樂、該沉默就沉默，不要讓人家看出你與上局遊戲中的表現差別很大。

3. 殺人要狠。無論是單個殺手行兇還是多個殺手合謀，殺人時一定要迅速決絕，不要心慈手軟。一般先殺死大家認為與你很親近的人，最能贏得別人的信任，因為良民們會以為你不可能這麼無情。

4. 先殺那些不愛說話的。因為這樣的良民多是還沒想清楚，他「死」了，一般不會留下對你不利的「遺言」。不過這也要見機行事，有時候留下那些搖擺不定的良民，會讓局面更亂，你就可以亂中取勝了。

5. 指證殺手時要明確，舉手投票殺人時要堅定。殺手要明確，在黑夜裏你可以肆無忌憚地殺人，在白天你可是個大好人，你要堅決地指認你認為的殺手，還要為你認為的良民辯護。學會幫良民說話，往往可以贏得良民的好感，你自己隱蔽得就更深了。

6. 當人數越來越少，局勢越來越清晰的時候，殺手一定要表現得思路清晰。每次發言你都要澄清兩個問題：你為什麼不可能是殺手，誰為什麼一定是殺手。但是，別忘了人是有感情的動物，這時候，誠懇、簡潔的解釋更為有力。

第四種：員警。

1. 密切觀察每個人的表情、動作，分析他們所說的每一句話，分辨出誰是殺手、誰是良民。

2. 當你分辨出誰是殺手時，就要舉出有力的證據，讓大家相信你，然後一致舉手「殺死」殺手。

3. 注意偽裝。殺手的目的是要「殺死」所有的員警，如果被他發現你的身份就難逃厄運了。

4. 如果有兩個或多個員警可以互相配合演雙簧，互相指認對方是殺手，那麼至少兩個員警能夠保住一個「不死」，然後繼續指認殺手。

遊戲 6

訓練如何釋放你的壓力

遊戲目的：消除疲勞，釋放壓力，穩定情緒

遊戲人數：團隊參與

遊戲時間：5 分鐘

遊戲材料：朗誦材料（見附件）

遊戲場地：室內

遊戲步驟：

參與者分散開來，面對主持者，可以站、坐、趴、躺，放鬆自由，

然後聽著主持者的朗誦，跟隨主持者一起做動作：雙手於胸前合十；慢慢地深呼吸；雙手上舉至頭頂，再從兩側慢慢放下；慢慢學做一些舒展的、拉伸的瑜伽動作……

遊戲討論：

朗誦材料也可以是自行選擇的類似的美文。

在這樣的遊戲中，參與者的壓力能得到緩解，這樣會給大家一個好心情。在做完遊戲後建議大家一起討論如下問題：

1. 在工作時間，你有沒有適當放鬆？是在工作場所還是在其他地方？進行什麼種類的遊戲？次數多嗎？

2. 你應該怎樣把釋放壓力、放鬆心情的方法融入到自己的日常生活之中？

◎附件——主持人參考朗誦詞

輕輕地閉上雙眼，慢慢地將雙手合十，放鬆，放鬆，讓自己的身體輕鬆，舒適，自在。好，我已經放鬆了，心跳開始減慢，呼吸在加深，我真的很舒坦、很安詳、很溫柔。我慢慢地走啊，走啊，來到了小河邊。清澈的河水在嘩嘩地流淌著，對岸的小樹林子，綠綠的，小鳥在唱歌，啊，真美啊……

遊戲 7

認識真正的自我

遊戲目的：

拓展構建自我尊重的認知過程。勾畫作用強大的地圖，激發自我探究過程，久而久之構建更健康積極的自我尊重。

遊戲人數：常設團隊、一對一輔導

遊戲時間：45～120 分鐘

遊戲材料：

・「認識自我」的分發材料

・紙和筆

遊戲場地：不限

遊戲步驟：

1. 用簡練的語言解釋「自我尊重」。討論此訓練活動的目的，即透過為參與者的人生增加某些意義，構建並培養自我尊重意識。

2. 大聲朗讀(如一對一輔導材料，參與者可自己朗讀)：

「在自我反思的安靜空間，接觸生活中想要得到的事物。它可能是意味深長、值得關注、至關重要的某些事物，不一定是一個物體。人類往往用物體來象徵或替代無形的價值。例如，有的人會說，『我想得到一艘新滑水艇』，而實際上他想享受地位、成功的感覺，以及與擁有新滑水艇的人結識交友的威風。僅僅獲得滑水艇也許並不能帶來他所期望的感受。

「本套訓練活動中，你應確定目標。透過實現這些目標，你將在生活(工作、家庭、個人等)某些方面感到更和諧，更受到尊重。充分實現這個目標，此過程需要投入訓練活動所需時間之外的更長時間。期間，你會體驗新的行為、新的態度和新的期望值。這套訓練活動強調清晰地界定那些新情況需要發展成為什麼狀態，你將如何識別這些新情況，你將如何激勵自己不斷努力最終接納這些新情況。」

3. 分發材料、筆和紙。指導參與者進行 30 分鐘的自我反思，考慮列表中的問題，然後寫出答案。特別強調這是個人訓練活動，問題的答案因人而異。鼓勵參與者坦然面對自我。

4. 組織團隊彙報總結，鼓勵參與者在實際中繼續體驗這個訓練活動中的學習。提示：不得要求參與者在團隊中公開分享個人事務，除非團隊成員高度團結，且已建立了信任感。你還可以提出下列問題：這是不是一項有趣的訓練活動？為什麼？它有什麼意義？它讓你產生了什麼問題或頓悟？

遊戲討論：

導師讓參與者置身安靜的環境中自我反思，並回答一系列問題，然後討論學習收穫，從而創造反思體驗。若想使團隊成員有成效地分享信息，在進行此項訓練活動前，成員之間必須構建較高的相互信任感。

◎附件——「認識自我」材料

認真回答下列問題。必要時，可附頁。內容絕密，僅限答題者。

1. 人生中，我想實現什麼目標？一旦實現，它是否會讓我對自己非常滿意？

2. 為實現這個目標，我必須如何改變對自己和生活的認識？

3. 為實現這個目標，我必須改變對人生和自己的那些感受？

4. 我應該如何改變自己的行為？

5. 什麼因素阻止我無法按照上述要求去思考、感覺、行動？

遊戲 8

每個人的角色規範

遊戲目的：認識自己

遊戲人數：團隊參與

遊戲時間：不限

遊戲材料：紙、筆

遊戲場地：室內

遊戲步驟：

1. 發給每個參與者紙、筆，要求他們先寫出一件自己喜歡做的但不符合社會角色規範的事情，再寫出一件自己不喜歡但符合社會角色規範的事情，並列出其面對的困難與阻力，制訂出他們個人的行動計劃。

2. 將參與者分成兩組，一組逐個講述個人的想法、行動計劃和面對的困難後，另一組對其想法及計劃給予建議或回應。

3. 如果參加人數較多且時間允許的話，可以把兩組的角色互換，再進行一次，以增進參與者之間的意見交流。

遊戲討論：

這個遊戲可以幫助你找到目前你的社會角色和你內心角色之間的差距，試著思考下面這幾個問題：

1. 社會角色定型對個人自我潛能發展有什麼影響？

2. 個人自主性是什麼？它重要嗎？

3. 當社會要求與個人自主性出現衝突時，你會採取什麼態度及處理方法？

遊戲 9

如何向對方表達和解

遊戲目的：讓參與者體驗主動和解流程，增強自我尊重感。

遊戲人數：常設團隊、獨立團隊、一對一輔導

遊戲時間：

35 分鐘以上。具體時間依據參與人數，以及每期輔導間隔中參與者的工作時間而定

遊戲材料：

- 「主動表達和解」材料
- 筆和紙

遊戲場地：不限

遊戲步驟：

1. 提供紙和筆。

2. 分發材料。告知參與者這是一項「原諒」與「和解」的訓練活動。訓練活動難易程度因人而異，但表達歉意和修復關係是常見且共有的人類行為。既然他們在選擇要處理的事件，或者這個步驟只是一

種假設，總的來說，他們應該能夠很好地應對這種緊張局面。建議參與者保持樂觀。提醒他們，一旦對情況有了新的認識，他們很容易做出改變。

3. 要求參與者舉出，人生中他們曾傷害或冒犯過對方，因而希望修復關係的三段經歷，並按照實現和解的難易程度進行排序。

4. 要求參與者閱讀材料的步驟 1，然後從難度最低的事件開始，要求他們寫下最想對尋求諒解的人說的話，並寫下現實中期待得到的回應。

5. 解釋，這個訓練活動讓參與者深入思考與對方的情感交流及其原因，而對方仍可能感到這種傷害無法彌補。的確，事已發生，無法改變，但事實所代表的意義卻能夠改變。（要求參與者運用這種方法思考其他兩個事件，若時間允許，隨堂進行，反之，事後自行展開。）

6. 鼓勵參與者按照上述步驟，完成這些對話。提醒他們，人們對自我的認知多數基於受到不公平待遇的經歷，因此一旦情感能量得以釋放，對方可能會產生強烈的情感反應。

7. 現在，要求參與者閱讀步驟 2，列舉使其受傷的三件事，並以相似方法展開。

8. 5～10 分鐘內，寫出訓練活動中的學習，再次鼓勵參與者按照步驟完成這些對話。

9. 若時間允許，且你願意的話，透過提問下列類似問題，要求參與者分享他們的想法：

· 請求原諒和做出諒解，那個更難做到？

· 對他人觀點產生興趣對這項訓練活動的順利完成有多麼重要？

遊戲討論：

參與者要重溫兩個情境：傷害了他人的情感或損害他人的利益；自己受到了傷害。努力尋求解決上述兩個情境的最佳解決方法。此方法同樣適用於一對一輔導。

◎附件——「主動表達和解」的材料

人們會從和解流程中受益，因為「罪惡感」和「被拒絕」兩種感受會影響我們的生產和生活。仔細觀察，你就會發現這兩者是同一個問題的兩個方面。選擇不原諒他人，就會在自己和他人之間設置無法逾越的障礙。無論我們的拒絕看上去多麼合情合理，但我們會因為拒絕他們而心感愧疚，正如他們因傷害了我們而感到內疚一樣。當這類心理負擔得到釋放，自我尊重必定會得到提升。

步驟 1

首先，尋求你曾傷害或冒犯過的人的諒解。顯然，真心誠意地表達歉意至關重要，但這並非表示你要卑躬屈膝，請求原諒。重要的是，你應處於適度自我尊重的狀態。這樣，對方才會認為他是在和真心希望彌補兩者關係的個體打交道。在與他人接觸過程中，如果對方感到你傷害了他，他揭示你的弱點（而非像經常表現的那樣急於掩飾）是最佳的防禦方法。

告訴對方，事後你一直對此事進行反思，認為是時候該努力解決此事了。告訴對方，你想表達誠摯的歉意，請求對方原諒你做過的（或者對方說你做過的）行為。有時，人們可能仍然難平心中的傷痛，仍持敵意和怨恨，以致要求你承認你從未做過的事情。這再也不是一個關於誰對誰錯的爭吵。真心誠意地、一字不落地說：「我從未做過那件事，但如果你認為那是事實的話，希望你給予更大的諒解。」

如果對方願意接受，事態發展會輕鬆順暢。如果對方拒絕接受，你就要表達對其態度的理解，希望能夠做些什麼促使雙方關係重新開始。十有八九，對方會欣然接受。在此後的接觸中，你將盡心盡力做到最佳。但此時，注意不要因為對方沒有接受你的邀請而開始輕易做出判斷並指責對方。他們同樣也盡力了。否則，你剛剛營造的良好開端會因雙方的行為而進一步延緩。牢記，我們的身份認同和自我認知，多數基於我們受到的不公平待遇的經歷，因此，隨著這種能量模式的溶解、釋放，雙方均可能做出一些強烈的情感反應。

步驟 2

步驟 2 是原諒以某種方式傷害你的人。這有一些難度，因為如果你徑直走到許久沒有對話的人的面前，說:「我原諒你對我所做的惡事！」這更多地像是一種新的指責，而非真誠的諒解。

事實上，如果像你請求他人諒解的那樣做，事情會進展得更加順暢。跟對方說，你一直在考慮結束這種狀態的方式，你希望儘量使雙方關係進入更佳的平衡狀態。的確，事實無法改變，但它對彼此關係的影響肯定能夠改變。

不管表達與否，對方最大的顧慮就是你是否仍責怪他們的所作所為。然而，如果你保持開放、客觀的態度和姿態，彼此之間的障礙很容易排除。不管是坐著還是站著，雙手放鬆，搭在胸前，目光柔和地看著對方，身體呈現出些許疲憊，表現出你已疲於承受這件事情。

這種公開的非言語暗示容易讓對方與你進行深層次交流，輕鬆表達對此局面的感受。再次談論這些事情有助於引導對方表達尋求原諒的意願。

為營造輕鬆的交流氣氛，你要向對方傳遞兩個有力的信息：「我不喜歡我們之間的尷尬局面」和「要是這種局面一直存在，我們雙方會失去一些寶貴的東西」。

如果對方願意表達他的真實想法，並願意進一步培養雙方的關係，你就可以坦率地回答：「他傷害了我，但我一直在努力降低這種傷害，我不想像過去那樣深受此事的困擾。」這樣，你將真誠坦白地傳達你的諒解。

書面完成每一個對話的準備任務後，反思你的學習，你對自己、自己的優點和缺點有何認識。按照要求，堅持完成對話，看看每個人感覺有多好！

遊戲 10

最理想的溝通方法

遊戲目的：有效溝通的技巧

遊戲人數：團隊參與

遊戲時間：5 分鐘

遊戲材料：無

遊戲場地：室內

遊戲步驟：

1. 所有人圍成一個圓圈，主持人站在中間。

2. 第一次，主持人喊口令「拍肩膀」，讓大家做相應的動作；再喊口令「拍大腿」，讓大家做相應的動作。雖然只是簡單的口令，但大家做的動作可能互不相同，非常混亂。

3. 第二次，主持人一邊喊口令，一邊做動作，然後讓大家跟著做，這一次大家的動作整齊劃一。

4. 第三次，主持人喊口令「拍肩膀」，同時用手拍自己的大腿，讓大家做動作；喊口令「拍大腿」，同時用手拍自己的肩膀，讓大家做動作。

5. 這次又重新陷入混亂，很多人會不知如何是好，不知究竟應該拍肩膀還是應該拍大腿。

遊戲討論：

三次不同的溝通方式帶來了不同的效果，第一次只有口頭語言，第二次口頭語言和肢體語言相配合，第三次口頭語言和肢體語言相矛盾，這個遊戲想告訴大家，最好的溝通方式是用你的肢體語言來配合你的口頭語言。

遊戲結束後，可做如下思考：

1. 第一次和第三次做動作時，大家為什麼會出現混亂？

2. 在生活中有沒有語言被誤解或者含義不明的情況，我們應該如何去改善？

遊戲 11

要提升自信心

遊戲目的：

幫助增強自信感，促使他們拓展能力。

· 進一步確定參與者可以感到更有信心的領域

· 克服影響自信的障礙

· 將學習運用到日常生活中

遊戲人數： 常設團隊、一對一輔導

遊戲時間： 個體：40～65 分鐘；團隊：65～110 分鐘

遊戲材料：

團體

· 實施訓練活動之前，根據提供的範本創建角色扮演材料

· 活頁掛圖、記號筆和膠帶

個體

· 「提升自信」材料

遊戲場地：不限

遊戲步驟：

個人：

1. 引導參與者完成訓練活動，幫助他界定需要有待改進的地方，討論為什麼一些行為毫無作用，在角色扮演環節進行糾正。

2. 討論自信理念，分析為什麼缺乏自信是工作中面臨的一個問題。

3. 發給參與者一份「提升自信」材料，讓其逐步完成訓練活動。

4. 根據提出的問題，提供角色扮演情境。

5. 評價材料最後佈置的任務。

6. 確定再次見面的時間，分享這項任務完成的過程。提問：

· 你選擇了那種現實情境？

· 你能否更加自信？

· 完成這個任務時，你的平和度如何？

· 你取得了什麼結果？

· 將來，你是否還會這麼做？

團體：

1. 訓練活動前，確定團隊中那些人被認為富有自信。你希望他們是自信的人，而不是氣勢咄咄逼人的人。要求他們配合你完成這個訓練活動，分享他們的願景、技能和策略。

2. 討論自信理念，以及為什麼缺乏自信是工作中面臨的一個問題。

3. 要求參與者確定影響團隊有效性的問題，並在活頁上寫出他們所說的內容。

4. 提問，步驟 3 中列出的問題中那個問題可能因為缺乏自信而受到影響，並在另一頁活頁上記錄大家的反應。透過下文列舉的問題，激發參與者思考缺乏自信產生的問題。

- 一位外科醫生給病人做手術，卻沒有找對開刀的部位，原因是沒有人提到手術前他們注意到的過程與文字材料是有差異的。
- 一家公司因為有人注意到賬務謬誤但沒有說出來，間接導致公司破產。

5. 討論，如果成員更自信，會產生什麼積極的影響。能否避免問題的發生或儘快解決問題？士氣是否因為成員自感對公司的重要性增強，而得以提升？

6. 在活頁上列舉影響自信心的障礙。什麼因素使人們不那麼自信？為什麼膽怯？是否缺少有效表達思想或感受的技巧？他們是否擔心有什麼不良反響？

7. 確定戰勝障礙的方法。是否需要提升交際技巧？是否需要在安全的環境中構建信心或鍛鍊得更自信？

8. 要求參與者輪流進行角色扮演，表現更自信的行為。兩人一組，分發角色扮演材料。

9. 與整個團隊討論，在角色扮演過程中每個人的感受是什麼。

10. 佈置以下任務：接下來的兩週，在兩種實際工作情境中，表現得更加自信。

11. (可選項)完成上述任務後，確定時間與同伴或教練回顧自己完成這項任務的經過。

遊戲討論：

受訓對象界定需要給予更高肯定的領域，然後從列表中選擇一個特定情境。為鍛鍊這種技能，他們不斷進行角色扮演直至他們感到信心十足為止。團隊成員確定因缺乏自信而影響團隊效率的問題，並從中選出影響最大的兩三個問題進行角色扮演，使自己表現得更自信。要求參與者將訓練活動中學習到的能力運用到工作中。導師要幫助氣勢咄咄逼人的成員平靜下來，才能懷著對他人的敬意，運用自信技能，從而有效塑造自信感，尊重那些缺乏自信的成員。

◎附件——「角色扮演」範本

根據團隊的回饋信息，選擇相似的一個問題，設計角色扮演遊戲。如果你已熟悉這個團隊存在的問題，可以自行選擇。否則，你需進行事先調查，找到一個合適的問題並創造問題情境。該情境必須包括下列因素：

· 甲發現問題，並引起處於更高權力地位的乙對此問題的關注。

· 乙最初不願意聆聽這個問題。

· 甲堅持儘早陳述這個問題。

下文便是重新設計的模式，由參與者添加具體信息。

甲：漢特

乙：喬丹

漢特發現＿＿＿＿（問題領域）＿＿＿＿存在問題，並決定引起喬丹（官級）＿＿＿＿的注意。

漢特：喬丹，我想佔用您幾分鐘談點兒事。

喬丹（有點兒意外）：什麼事？我確實沒有多少時間。

漢特：我不會佔用您很長時間。 喬丹：好吧。你說吧。
漢特：我發現_____(描述問題)_____。喬丹表現得不太熱情，似乎對聽到的內容不感興趣。 漢特必須向喬丹說明，現在討論這個問題，比等到問題更難解決的時候再說要強得多。他應當讓喬丹知道，他擔心的問題能夠幫助公司盡可能地提高效率。

◎附件——「提升自信」材料

1. 列舉個人生活或職業生涯中，缺乏自信的具體情境。想想你後悔沒有大聲表達你的想法的時刻，可能會有幫助。

2. 為什麼當時你缺乏自信？什麼原因讓你不自信？你為什麼退縮不前？

3. 自信的障礙是什麼？你缺乏有效表達感受或思想的技巧嗎？你是否害怕因此而產生的反響？你是否習慣了像孩子那樣謙遜害羞？

4. 如何克服這些障礙？你需要提升交際能力嗎？需要在安全的情境中構建自信、鍛鍊自信嗎？

5. 在那些情境中你願意表現得更自信？

任務：

接下來的兩週，在兩個現實情境中，表現得比過去更自信。

遊戲 12

影響力遊戲

遊戲目的：瞭解自己的影響力

遊戲人數：團隊參與

遊戲時間：15～20 分鐘

遊戲材料：裝有 4 種顏色的紙的信封、活動掛紙或掛板

遊戲場地：室內

遊戲步驟：

1. 分發信封。

2. 向參與者說明，他們將在一個信封中找到 4 張彩色的方紙片——1 張紅色的、1 張綠色的、1 張藍色的及 1 張黃色的。讓他們根據自己在團隊活動中所具有的影響力程度，選擇最能代表自己的顏色：

紅——我有非常大的影響力；

綠——我有相當的影響力；

藍——我只有很少的影響力；

黃——我沒有影響力。

將上述材料貼到活動掛紙或掛板上，讓參與者有足夠的時間認真考慮他們的選擇。

注意：要確保參與者在就座時隔開足夠遠，以保證他們能獨立選擇一種顏色。讓參與者將他們選擇的彩色方紙片放入標有「答案」的信封中。

3. 收回「答案」信封。

4. 詢問參與者，當他們衡量自己的影響力時他們想的是什麼。

⑴是否有人詢問你的意見？

⑵是否有人聽你的意見？

⑶你的意見是否有結果？

5. 將這些方紙片粘到白板或活動掛紙上，將同樣顏色的貼在一起。

6. 描述結果，例如，多數人感到自己有非常大的影響力，而少數人感到自己沒有多少影響力。

遊戲討論：

遊戲結束後，建議參與者進行以下討論：

1. 為什麼會出現這種情況？

2. 這會在多大程度上影響團隊的成果？

3. 這個遊戲暗示了團隊或團隊成員必須在某一方面有所改變嗎？

遊戲 13

「人際管理」的肯定他人

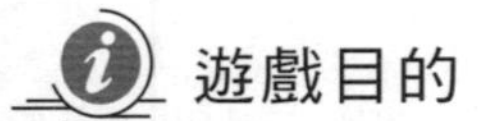

遊戲目的：

幫助參與者深刻認識「肯定他人」的重要作用。認識人際關係能夠促進積極的互動。

· 感受增強團隊力量的體驗，瞭解日常人際關係思考產生的持續性動力。

· 體驗關注團隊優勢的積極作用，瞭解這些優勢如何促進有效的互動。

遊戲人數：常設團隊、獨立團隊、一對一輔導

遊戲時間：第一階段 50 分鐘；第二階段 80～110 分鐘

遊戲材料：

· 「肯定他人」材料

· 紙和筆

· 活頁掛圖和記號筆

遊戲場地：不限

遊戲步驟：

1. 討論團隊肯定的現狀發展，包括得到他人的肯定所產生的積極影響；當你得到家庭成員，同事或有權勢、有威望的人的肯定時，肯定的影響產生了何種變化；團隊每位成員均給你肯定，其影響力會多大？

2. 下列訓練活動旨在幫助參與者在回應中形成慷慨大方和熱情真誠的品質。他們要肯定而不是評價此人的優勢或目標。指導參與者關注團隊認同及成員的相互理解和尊重，以及隨著訓練活動的實施，這種感覺逐漸增強的過程。

第一階段

1. 分發筆、紙和「肯定他人」材料。

2. 將參與者分成三組；如果還剩下一兩個人，可分為四組。這個訓練活動的目的在於體驗同行們肯定你的自我認識。

3. 評價材料，讓各組實施第一階段，指導個體利用 15 分鐘時間寫出自己最強、最有價值的 3 個特徵，以及期待在未來一年內實現的 3 個目標(這些目標可以是個人目標或職業目標，但前提必須是個體願意在團隊內分享的目標)。

4. 指導大家繼續完成材料中的步驟 2 和步驟 3。

5. 指導參與者各用 10 分鐘的時間肯定優勢和目標。個體應積極參與團隊討論。

第二階段

1. 如果首先進行兩個單獨的會面(一個是與所有成員的會面，另一個是與團隊管理層的會面)，隨著活動參與度的加深，這項活動將達到最佳效果。

2. 首先，教練/導師集合整個團隊，要求成員討論各自的優勢、最大的貢獻及第二年期望實現的主要目標。教練/導師在活頁掛圖中記錄成員的清單。

3. 教練/導師與即將參與訓練活動的主管會面，指導他們瞭解這個訓練活動的本質。務必強調，這次體驗旨在授權而非批判。要求主管們創建團隊最強優勢和最大貢獻清單。

4. 完成上述任務後，聚集兩支團隊，要求主管展示他們列出的清單。然後讓成員們分享他們的清單，再指導團隊討論他人的清單列表，從而發現所有積極的方面。牢記，你強化什麼，什麼將在工作中反覆上演。

5. 要求團隊展示在未來一個季、一年或其他選定的時間期限內，他們期望實現的目標，要求主管給予支援性評論，如「是的，我們相信你一定能夠實現這些目標」，並要求主管列出相信目標能夠最出色完成的原因。如果成員提出的目標似乎不切實際，那麼仍舊要稱讚其付出的努力，持肯定的態度與其共同重新制定目標，直至確定切實可行的目標。

6. 團隊彙報總結，肯定積極互動的重要意義，瞭解增強團隊成員關係的途徑，最終提高團隊的效力。

遊戲討論：

本訓練活動包括兩個階段，如果管理層全力參與，兩個階段可以配合使用，實現持續半天的團隊構建體驗。第一階段中，團隊成員以團隊形式完成側重肯定對方的訓練活動。第二階段中，團隊成員和管理層一起確定並肯定團隊的優勢和目標。訓練活動可止步於第一階段。

◎附件——「肯定他人」材料

寫出最強、最有價值的 3 個特徵，以及你期望第二年實現的 3 個目標(個人目標或職業目標，必須是你願意與團隊分享的目標)。列出你肯定自己優勢的 3 個或更多評價，如「我是一個優秀的聆聽者」、「我關注細節」、「我正在提高網球技能」。

學習者(甲)向其他兩人(乙和丙)閱讀第 1 個肯定的陳述，乙和丙面帶微笑給予鼓勵。「這正是我們喜歡你的原因！」要充滿真情地發表此番言論！為對方提供耳目一新的、與其自信一致的肯定評價，從而讓甲能夠聽到這種回饋，繼續朗讀下一條優秀品質。現在，轉換角色，讓乙、丙分別體驗這種感受。

甲逐一朗讀目標，然後，乙、丙回答：「當然，你能實現，我現在就敢斷言。」(讓甲聽到這種回饋，而後再進入下一個目標。)每個人都要朗讀你的 3 個目標，並獲得其他兩人給予的肯定。

遊戲 14

你是否瞭解自己

遊戲目的：瞭解自己留給別人的印象

遊戲人數：5 人一組

遊戲時間：20 分鐘

遊戲材料：每人一張卡片

遊戲場地：不限

遊戲步驟：

1. 5 個人坐成一個圓圈，主持人發給每人一張印象卡片。

2. 每個人在自己的印象卡片上寫上自己的名字、自我評價。

3. 每個人都把自己的印象卡片交給坐在自己左邊的人。

4. 每個人都拿到了一張別人的印象卡片，在卡片背後的任意位置寫上自己對這個人的第一印象。

5. 寫完之後，再次將卡片交給坐在自己左邊的人。以此類推，直到每個人的印象卡片又回到自己手中。

6. 每個人都可以看見別人對自己的印象如何，並展開討論。

遊戲討論：

這個遊戲主要是為了幫助我們瞭解自己在別人眼中的印象如何，看看別人眼中的我們是不是和我們自己設想的一致。瞭解之後，就可以考慮是否應作出相應的改變，從而去完善自己。如果發現別人對自己有誤解，那麼可以考慮相互溝通一下。在拿到自己的卡片之後，可以做如下討論：

1. 每個人先說說自己對自己的印象，然後再描述一下卡片上別人對自己的印象，並作簡單的對比。

2. 當看到別人對自己的印象時，自己是否感到驚訝：為什麼別人眼中的自己與自己眼中的如此不同？

遊戲 15

克制情緒的衝動

遊戲目的：

學會如何克制衝動，積極應對壓力。

· 理解導致衝動的原因

· 學會緩和衝動的具體方法

遊戲人數： 常設團隊成員、獨立團隊成員、一對一輔導

遊戲時間： 20 分鐘

遊戲材料：

· 「緩和衝動」材料

· 筆和紙

遊戲場地： 室內

遊戲步驟：

分發「緩和衝動」材料，和參與者討論如何控制衝動。

指導參與者體驗材料介紹的「三步走」流程。

遊戲討論：

本訓練活動可以更深入地理解人們為什麼衝動行事，並提供一種簡單的方法讓你採取衝動行為之前，馬上停止。

◎附件——「緩和衝動」材料

衝動控制有時被稱為情商的「剎車」，因為這種技能可以制止我們做出不該做的行為。理解最初驅動我們採取行為的原因是控制衝動的最關鍵能力。從人性的最基礎層面——生物性上講，人類更像電腦，硬體在軟體控制下操作運行。身體上的所有結構、所有組織和器官系統組成了硬體。這些硬體在兩種軟體的操作下運行。作業系統和引導磁片指令對個體的作用多少有所不同。在遺傳因素影響下，形成反射、本能和驅動力等。眨眼、肌肉收縮，痛苦、驚訝或恐懼時，我們喘息或放聲大哭；寒冷時，我們渾身顫抖。這是反射作用的例子。為滿足生理需求或進化需求，人類在本能或驅動力的作用下，吃、喝、保暖和繁衍後代。

我們一出生，這些指令要麼已經運行，要麼隨著我們呱呱落地開始運行。隨後，更複雜、更重要的程序開始運行。我們的個人軟體發展項目題目為：「學會如何生存。」當然，這包括學會走路、講話、意志等基本技能。還包括學會什麼至關重要，追求什麼，迴避什麼，以及努力獲得或避免的適宜行為。牢記，情緒就是價值觀的體現，即價值象徵和傳遞的情緒。對於兒童，學習分享的重要意義在於當你希望得到某事物時，控制佔有的衝動，這樣才能真正享受它。一些人永遠學不會這一點。

這個訓練可以讓你在剛剛萌生衝動時，清楚自己的感覺系統。當你注意到促使你衝動行事的壓力和緊張逐漸增強時，注意做到下列三步：

第一，把把情緒脈搏！按照下列模式填空：「我感到______________________，因為__________________________。」

第二，用鼻子深吸氣，然後用嘴巴大口呼氣。然後盡可能長時間地用嘴呼氣。隨著肺部氧氣越來越少，橫膈膜會有意識地更努力地保持呼氣。這就對了！不斷溫和地按壓胸腔，直到你感到肺部完全沒有氧氣，必須吸氣。用鼻子吸氣，自由輕鬆地呼吸。

第三，捫心自問:「這種情況下，可能發生的最佳結果是什麼？」你想到了什麼？

把情緒脈讓你形成一些現實判斷：你理解了自己的感受和產生這種感受的原因。深吸氣，完全呼氣干擾了激化和導致衝動釋放的生理動力。三思而行讓你的注意力再次擺脫衝動情緒，幫助你關注最理想的結果。儘管可能無法得到最佳解決方法，這樣做也能讓你發現你所忽略的選擇，至少你可能不會像以前那樣做出過激反應。

遊戲 16

容易學到的溝通技巧

遊戲目的：溝通中的妥協

遊戲人數：團隊參與，單獨操作

遊戲時間：15 分鐘

遊戲材料：

· 給每個參與者 1 張 8.5×11 釐米的紙

· 3 張 3×5 釐米的索引卡片

· 1 隻鋼筆或鉛筆

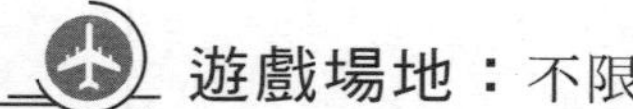

遊戲場地：不限

遊戲步驟：

1. 讓遊戲的參與者想出 3 件他們最喜歡做的事情，並把它們分別列在 3 張索引卡片上。要求他們一定要寫得比較具體。例如，不應該寫「吃東西」，而應該寫「吃中國菜」；不應該寫「體育運動」，而應該寫「壘球」或「籃球」。

2. 在每件事下面，讓參與者列出他們喜歡這件事的主要原因。對於「中國菜」，原因可能有：「因為它很清淡，而且非常好吃」或者「因為它總是被那麼優雅地端上來」；或者是「因為它和美國食品是那麼不同，我喜歡多種多樣的菜式」，等等。讓他們列出他們之所以喜歡的原因，但不要讓其他人看到。

3. 將遊戲的參與者分成 2 人一組，分別為 A 和 B。

A 裝扮成一名巫師，憑他驚人的直覺猜一猜 B 喜歡這件事的原因。問題是，A 作為巫師似乎很糟糕。通常，A 的估計與實際情況只有一點兒牽強附會的聯繫。

B 絕對不可以不同意巫師說的話，無論巫師說什麼，B 都必須接受。

B 首先看一下卡片，他可能會說道：「我喜歡到舞廳跳舞。」

A 立即說：「你當然喜歡。」然後繼續提供一個不尋常的解釋：「那是因為在舞廳跳舞能吃到非常好吃的點心，而且你喜歡吃點心，特別是流行的水果餡餅。」

無論巫師說的話多麼奇特，B 都必須同意並確認：「是的。」B 也許會說：「那是一個促進食慾的好方法，而且還能碰到熟人。事實上，我碰到過我最好的朋友琳達。我們都在休息的時候一道去吃好吃的水果餡餅。」

A 順著 B 的解釋接著說下一句，如「你的朋友琳達更喜歡吃硬餅乾類的點心。」

B 然後確認這句話，繼續往下交流。在談話過程中，B 可以選擇另外一張卡片，請巫師猜一猜他喜歡這件事的原因。

4. 給每組 3 分鐘來進行對話，然後交換角色。A 選擇一張卡片，講一件事，如：「我喜歡放風箏。」B——新的糊裏糊塗的巫師，說「你當然喜歡！那是因為海鷗喜歡追逐風箏！」A 回答：「確實，當我帶著風箏出去的時候，我看見許多海鷗。它們好像最喜歡藍色。

5. 3 分鐘後叫停。

遊戲討論：

在遊戲的過程中需要大家放棄預先制訂的計劃，以便更好地跟大家溝通。參與遊戲的人要根據環境的變化來調整自己的想法和語言。這就是說，他們一定會認真地聽取週圍人的觀點，來調整他們事先形成的想法，以適應他們的搭檔的語言和想法。

在做這個遊戲的時候，需要思考以下問題：

1. 放棄你原先想好的原因，快速地想出一個理由，接著巫師的話茬兒往下說，是不是很困難？在現實生活中，如果有的人並沒有瞭解你的意思，那麼你一般會有什麼反應？產生什麼感覺？

2. 這個活動是怎樣鍛鍊你的傾聽和訴說能力的？

3. 在遊戲中，當一名參與者突然說出一個意想不到的想法，你會怎樣反應呢？如果你需要其他遊戲參與者的幫助，那麼你會怎麼說？

4. 如果人們總是樂意接受你的想法，那麼你又會怎麼樣呢？如果總是接受別人的想法，你覺得人們會如何看待你？

遊戲 17

破解壓力的方法

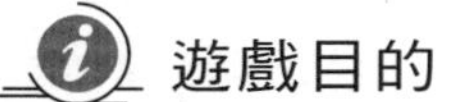

遊戲目的：

全面理解壓力，並設法破解壓力。幫助人們提升壓力管理，並從中享受樂趣。

遊戲人數： 常設團隊、獨立團隊、一對一輔導

遊戲時間： 30 分鐘

遊戲材料：

- 「壓力破解方法」材料
- 靠近大廳、人行道或樓梯的地方
- 參與者一人一杯水
- 準備好的笑話素材

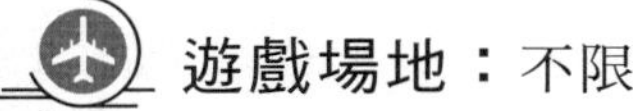

遊戲場地： 不限

遊戲步驟：

1. 分發「壓力破解方法」材料，要求參與者認真閱讀，討論，實踐。組織大家去爬兩層樓梯或圍著社區走一圈；根據現實環境，安排

活動。大家返回後，發給每人一杯水。然後，要求他們講笑話。準備一些笑話，發給大家輪流朗讀。

2. 享受樂趣！要求他們承諾將這些理念付諸實踐。

遊戲討論：

解釋什麼是壓力。參與者透過運動、喝水和講笑話等簡單步驟將此技能付諸實踐。

◎附件——「壓力破解方法」材料

什麼是壓力？壓力就是一週(一個月、一年)一直都感到壓力如山大，嘴唇和面部麻木毫無表情。壓力讓你的脾氣一觸即發，你的每個同事都清楚於此，但是對於你 4 歲和 6 歲的孩子，儘管你一再苦口婆心地提醒，他們對此仍是全然不知，仍時常讓你大發脾氣。

壓力就是生理系統的衰竭。透過該系統，我們一年 365 天，一週 7 天，一天 24 小時，無時無刻不在集中注意力收集足夠的數據、積累正確的數據，準確地分析數據，查漏補缺，做出決策，監督決策的效度，如此反覆。處理不可預見的危機，開始新項目，如此反覆。期望完成所有這些目標，完全不切實際，人類並沒有被塑造成這種類型。實際上，我們不得不與自己發明的技術競爭，不得不和機器爭奪時間，而它們都可以不吃不喝，不用參加畢業聚會，不用去療養院看望父母，不用疼愛 4 歲和 6 歲的小搗蛋。

在此情況下，你只能完成三項工作。拼了命，最多也就是四項。你可以運用外界現實判斷能力，挑戰人們的期望目標。這些人不能切合實際地評價有價值事物和可能引發的問題。若真能如此，你完全可以創建一個更持久、更寬容的工作場所，團隊成員和團隊利益均可蒸蒸日上。這通常是一個風險大的賭注，因為人們深信快樂源自金錢可以得到的事物，這種說法令人震驚，對我們的大眾媒體提出了質疑。但是，為了成功完成所有任務，人們通常很難做到注意力集中。最終的結果只有兩種：他們獲得了成功；或者一直在無助地掙扎著避免某種災難。

如果你沒能挑戰人們的期望目標，你要麼被解僱，要麼比以前遭到更嚴厲的排斥或責罵。你可運用方法 2，即運用內部現實判斷能力，重新優先排序自己的價值觀，調整行為，制定每天、每週和每年的日程安排。人們會提醒你，在人生的某個時刻重新調整你的核心價值可能會消除核心壓力；這種巨大轉變會產生巨大成效，可以讓你今後幾年免受折磨，按照自己的意願生活。

從生理學層面講，壓力容忍源自一種平衡狀態，它能讓我們在壓力和放鬆之間以可持續的節奏轉換，這樣神經、肌肉和生命維持系統能夠休息、恢復，為身體提供資源，從而適應典型的後現代要求，即加工大量複雜數據，同時在巨大壓力下準確解碼數據意義，再去說服那些同樣迫於壓力的同伴按照我們的需要做事。

壓力影響肌張力、結締組織、骨架結構、循環系統、呼吸系統、神經性疲勞和神經傳遞素平衡、嗅覺及與我們共處的樂趣等更顯而易見的事情。皮質(甾)醇和兒茶酚胺等壓力的附帶作用使人體感到不適。要是喝幾瓶啤酒，就能透過泌尿系統直接消除壓力的話，一切就好辦了。它要求大量增加體內氧含量，促進循環系統，這些只能透過增加強體力活動得以實現。

現在言歸正傳，本訓練活動的真正題目是「樓梯療法」。聽後，不要滿腹牢騷，唉聲歎氣啊！這是簡單的壓力破解器。如果你的辦公大廈佔有多層樓，這實際上是一個模仿的世界級奧林匹克訓練場，至少你一天可以多次進行樓梯療法，迅速緩解壓力。這麼做並不難，它很快會變成了一種享受，涓涓細流匯成河，你漸漸地會體會到它給你帶來的樂趣。

如果你真想保持良好的心態，活得長壽，什麼輔助設備都不需要。你只需早晨到達公司後和午飯之間，爬兩三層樓梯，然後再在午飯和晚上下班離開之間，爬兩三層樓梯。OK 啦！輕鬆容易！大功告成。

這就是最簡單、最便利的壓力破解器，但是如果你希望體驗更複雜、更精密的破解壓力的更高級方法，你還需要兩種材料：大功告成時，一杯水和一本笑話書。你需要笑得更多，這有助於降低皮質(甾)醇，更重要的是，笑話讓我們的生活更充滿樂趣！因此，爬兩三層樓梯，一天分幾次讀 5～10 個笑話，邊看邊喝水。這些笑話未必都能讓你捧腹大笑，但肯定有一些笑話會讓你大笑不止。大笑有助於重新設定你的壓力忍受度，釋放神經傳遞素，讓你的神經比以往燃燒得更旺、更快、更長。

我們不太瞭解神經傳遞素如何工作，甚至對此一無所知，但是我們知道更多笑聲對我們大有好處，可以緩解壓力。找一本笑話書，爬幾層台階，喝點水！

更高水準的壓力緩解方法就是西藏大師秘傳的古代飲食秘訣。吃更多的新鮮果蔬，少吃垃圾食品。吃新鮮食物，咀嚼脆脆的食品可降低壓力。要是對此抱有遲疑態度，顯然你還沒有準備好進入高級水準。你可以吃點兒芹菜和胡蘿蔔、青椒絲、黃瓜，試試看！

一天，我們看到大師好像只吃了一口東西，就咀嚼了半小時。最後，我們實在忍不住，問他在嚼什麼。

他吐出一口東西。「沙子。」他邊說，邊擦著鬍子。

「為什麼嚼沙子呢，大師？」我們問。

他嚴肅地看著我們，平靜地說，「鍛鍊咀嚼能力。」

或許因為我們沒有試著這麼做而錯過了什麼（也可能是啟示），但是，不能因此而不推薦這種做法。實際上，這個所謂的大師是吉爾，我們的另類健康教授，他為我們提供了這個絕妙的壓力容忍建議：少吃，多運動。

現在，動身，破解壓力吧。

遊戲 18

多才多藝

遊戲目的：激發對自己的好奇心

遊戲人數：團隊參與

遊戲時間：20 分鐘

遊戲材料：空白紙、筆

遊戲場地：不限

遊戲步驟：

1. 遊戲的主持者對大家說：「你能做什麼？你的能力在那裏？事實上每個人所具備的能力可能有上百種之多，所以當認真地探索自己的技能時，你會驚訝於自己竟然如此多才多藝。」

2. 請遊戲的參與者在空白紙上填寫下列題目：

⑴在紙上列出你曾經成功完成的工作任務、學習任務，如，辦一項社團活動、微積分考了 90 分以上、玩遊戲時打破了原有的紀錄等，然後想想完成這項工作需要那些技能，並將之列出。

⑵回顧你曾受過的教育、所修的課程，在以前的學習中，你學會了那些技能，將它們列出來。

⑶想想你平時常從事的活動，列出這些活動需要的技能，繼續擴充你的技能表。

⑷回想你在工作(不單指職業，也指你曾做過的事)上曾經歷過的一次高峰體驗(意指很快樂、很感動的一刻)，與他人分享那次體驗，並分析在那次體驗中你顯現出了自己的那些能力，把它們列出來。

3. 將遊戲的參與者分為 4 人一組，讓他們分享彼此所列的能力表，同時互相討論與這些能力有關的職業有那些。

4. 最後，主持者告訴大家，每個人都有自己的閃光點，切勿妄自菲薄，輕視自己的能力。

遊戲討論：

在這個遊戲中，大家會看到自己身上有很多的優點，而這些優點都能轉化為我們想事情、做事情的能力，並讓我們在此基礎上進一步發揮創新能力。只有認識到自己還能做一些平時想都沒想過的事情，才能幫助我們更好地發揮自己的能力，作出讓人意想不到的事情。

遊戲結束後，建議大家討論如下問題：

1. 在遊戲一開始時你是否覺得自己的某些技能是不值得一提的，可玩了一段時間以後，你又是怎麼想的呢？

2. 這個遊戲對我們尋找合適的工作有什麼幫助？

遊戲 19

壓力的分析測試

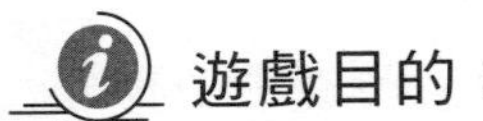

遊戲目的：

界定參與者是屬於承受壓力的何種人格類型，分析他們的反應，選擇一種干預式反應。

- 進一步瞭解「反應」。
- 運用在本訓練活動中選擇的技巧，參與者有意識地讓自己保持冷靜鎮定，對待他人寬容友善。

遊戲人數：常設團隊、獨立團隊、一對一輔導

遊戲時間：19～28 分鐘

遊戲材料：

- 「人格類型測試」材料

· 「壓力分析與測試」材料

· 活頁掛圖和記號筆

· 鋼筆

遊戲場地：不限

遊戲步驟：

1. 分發「人格類型測試」材料和鋼筆，要求參與者完成測試。

2. 完成測試後，參與者要對照後面的計分標準對自己的測試結果進行評估。

3. 為各組提供各種人格類型的綜述。

A 型人格

往往缺乏耐心，爭強好勝，富有競爭意識，具有同時處理多種任務的能力，迫切渴望得到晉升和有所成就。他們通常被認為要求過高。儘管他們在事業上很成功，但永不滿足。一些極端的 A 型人格的人經常無緣無故地對人懷有敵意，大發脾氣。A 型人格的人患心臟病的概率較高。

B 型人格

往往缺乏競爭意識，有意識地控制怒火，分寸得當地表達情感。他們往往被認為平易近人、容易相處。儘管並非被動地成為「超級成功者」，但他們通常在事業上和 A 型人格的人一樣成功。

C 型人格

往往被動消極，自我犧牲，否定自己的需求。他們壓抑憤怒，無原則地寬恕別人。他們往往被認為冷漠乏味。為數不多的極端 C 型人格的人具有強烈的無望感和絕望感。C 型人格的人患癌症的概率較高。

4. 引導參與者展開討論。討論當體驗測試中的情境類型時，身體有什麼感受，當時在思考什麼。

5. 提問：參與者是否願意鬆鬆散散、缺乏競爭意識，消極被動(極端的 C 型人格的人)。他們很可能說「不」，因為他們認為那樣會很軟弱，沒有進取心。

6. 提問：參與者是否看到其現狀(尤其是屬於 A 型)與極端 C 型行為的中間狀態。團隊共同形成更有益的行為特徵(B 型)。在活頁圖表上進行記錄。

7. 分發「因為你很有個性」材料要求參與者完成。

8. 彙報總結：

· 提問大家是否願意分享在「因為你很有個性」材料第 6 題中選擇的減壓方式。

· 要求參與者確定在生活中堅持實踐本訓練活動的具體次數。

9. 作為減壓的直接體驗，參與者今後能夠以之作為參考。要求參與者實踐材料第 6 題中列舉的「鎮定」體驗。

遊戲討論：

這項訓練活動對承受巨大壓力、行為表現咄咄逼人的個體或團隊(A 型人格)特別有效。參與者進行 A 型人格行為測試。回憶最近一次表現 A 型人格行為的場合，並分析當時的感受及思考的問題。參與者尋找策略以幫助自己在那種場合下保持鎮定。

◎附件——「人格類型測試」材料

完成下列敘述。根據個人現狀，判斷下列敘述是否屬實。

敘述	是	否
我認為自己敢於競爭，有衝勁。	____	____
我討厭等待。	____	____
臨近最後期限時，我的工作效率最高。	____	____
我喜歡同時做幾件事。	____	____
我經常和他人生氣，儘管沒有表現出來。	____	____
別人犯錯，很讓我惱火。	____	____
我經常覺得自己在和時間賽跑。	____	____
8. 我給自己確定很高的目標，但是當我無法實現目標時我仍感到很生氣。	____	____

計分標準

6～8 個「是」說明你是 A 型人格；

4～5 個「是」說明你更傾向於 B 型人格，處於 A 型和 C 型中間的平衡狀態；

1～3 個「是」說明你非常被動消極，傾向於 C 型人格。

◎附件——「壓力分析與測試」材料

最近與他人的接觸中，你是否感到沮喪、缺乏耐心或心存憤怒，並回答下列問題：

1. 你的身體有何感受？

2. 如果出現下列表現，請圈畫出來：心跳加速、出汗、顫抖、呼吸困難、手托下巴或身體其他部位。你還有其他表現嗎？

3. 你如何描繪你對這種情境的看法？從 1 到 10 的數字中選擇並進行排序，「1」最寬容，「10」最具判斷力。

4. 這種情境是如何解決的？能否找到雙方欣然同意的解決方案？

5. 你的回應是否增加或降低了當時的壓力水準？

6. 從下列保持鎮定、降低壓力的方法中，選擇一種，並付諸實施。

⑴深呼吸，抑制焦躁和怒火。理清思緒，關注自己的呼吸。慢慢地用鼻子深呼吸，從 1 數到 10，擴胸。用鼻子慢慢地呼氣，從 1 數到 10，含胸。

⑵表現得彷彿你對情境中的其他人身懷敬意，儘管你當時並非真有此意。行動上，表現出你似乎希望解決這個問題，對對方表示尊敬和敬意。稱呼對方的名字，不斷地與對方進行目光交流。

⑶符合自己風格的其他方法。

7. 每天，至少練習上述行為一次，兩次更佳，堅持幾分鐘、幾日，直至逐漸養成習慣，熟練精通地掌握這種技巧。

遊戲 20

分享每一個人的精彩時刻

遊戲目的：回憶自己的精彩時刻

遊戲人數：團隊參與

遊戲時間：10～15 分鐘

遊戲材料：

· 信息卡（見附件）

· 筆

遊戲場地：室內

遊戲步驟：

1. 主持人以下面的話作為開場白：「在大家各自的生活和工作中，總會有一些十分精彩的時刻。但是，我敢打賭，我們當中的很多人過去一直都沒有和我們每天工作在一起的同事一同分享過這些精彩的時刻。現在，讓我們大家一起來分享它們吧！」

2. 然後，把卡片發下去，給大家 5 分鐘時間來填寫。挑選一個人作為開始，並且把小獎品發給那個人。一旦第一個人完成了他（她）精彩時刻的描述，就讓那個人把那個小獎品傳給別人。如此繼續下去，一輪之後結束。

遊戲討論：

每個人都有自己的精彩時刻，例如，參加比賽獲勝、工作中獲得表彰，等等。透過與大家分享自己的精彩時刻，他們可以總結出自己已經取得的成績以及自己的特長和個性特點。在與大家分享經歷時，注意一定要鼓舞士氣，千萬不能表現出一絲的傲慢和自大。

◎附件——信息卡

請花幾分鐘時間填寫完下面的問題：

1. 請簡要描述一下你的精彩時刻。

生活中：________________________

工作中：________________________

2. 你認為當時感覺最強烈的三種情感是什麼？

生活中：________________________

工作中：________________________

3. 你是如何為你的精彩時刻舉行慶祝的，或者你是如何讚譽它們的？

生活中：________________________

工作中：________________________

4. 你的精彩時刻是如何改變你的發展方向或者你的觀點的？

生活中：________________________

工作中：________________________

遊戲 21

如何正確使用廢品

遊戲目的：

讓一群人共同商討，通力合作，一起完成一件藝術品。

遊戲人數：

至少 2 人，透過一起商討，互相交流，學習與他人合作完成項目的人。

遊戲時間：不限

遊戲材料：

- 剪刀
- 膠水
- 膠帶
- 能用於製作藝術品的廢品，可以用紙筒、雞蛋盒、牛奶盒、銀箔、易開罐、罐蓋、報紙、繩子等你能找到的任何東西。

遊戲場地：不限

遊戲步驟：

收集任何可以用來製作「藝術品」或者「雕塑品」的物品，把所有物品堆積在一起，方便組員選擇物品用於製作藝術品。最好是 2～4 個人製作一個藝術品，每個小組輪流取材，最好能為每個小組都提供膠水、膠帶和剪刀。

為小組提供充足的時間來完成他們的「廢品藝術」。所有人都完成本組的任務後，舉辦一個藝術展，讓每一個小組展示他們的藝術品，然後大家一起交流心得。

遊戲討論：

1. 你和小組中的其他成員用什麼樣的方式決定使用那些廢品？

2. 創作的主題是怎麼確定的？

3. 是否每個人都參與到了決策過程中？如果沒有，為什麼？如果都參與了，你們是怎麼做到的？

4. 每位組員都為這個任務做出了那些特殊貢獻？

5. 為何和他人合作完成任務很重要？

遊戲 22

認識自我

遊戲目的：認識自己的期望和恐懼

遊戲人數：團隊參與

遊戲時間：20 分鐘

遊戲材料：題板問題

遊戲場地：室內

遊戲步驟：

1. 主持人把寫滿問題的題板放在前方，請大家仔細思考下面的問題。

2. 每個人根據題板上的問題向大家做自我介紹。

遊戲討論：

遊戲的目的不在於自我介紹，而是要讓參與者透過回答題板上的問題來進一步認識自己，什麼可以給他們帶來最大的成就感、滿足感，認清他們身上的什麼缺點是自己無法忍受的，等等，當然也可根據遊戲時間來適當增加其他的題板問題。

◎附件——題板問題

1. 我在什麼時候感覺自己最偉大？
2. 我在什麼時候感覺自己最成功？
3. 我在什麼時候最討厭自己？
4. 我在什麼時候感覺自己最有效率？

遊戲 23

共同創作圖畫

遊戲目的：讓每個人都參與進來，共同完成任務。

遊戲人數：

4～12 人，需要練習與他人緊密合作，共同完成小組項目的人。

遊戲時間：不限

遊戲材料：

· 12 種不同顏色的彩色記號筆、蠟筆或者彩色鉛筆

· 一大張紙

遊戲場地：不限

遊戲步驟：

分別為每位組員提供一隻不同顏色的彩色記號筆、蠟筆或者是鉛筆，並告訴他們在整個遊戲中，小組創作的圖畫必須用到所有顏色，且每個人只能使用自己的顏色（不能交換或者分享）！

舉個例子，如果想要畫一棵樹，那麼拿著棕色記號筆的人就要畫出樹幹，拿著綠色記號筆的人就要畫出樹葉。

遊戲討論：

1. 這個任務對小組來說容易嗎？為什麼？
2. 你們如何合作完成這幅圖畫
3. 小組每位成員都對這幅作品滿意嗎？為什麼滿意，或為什麼不滿意？
4. 自己獨立完成容易一些，還是和他人合作完成更容易一些？
5. 作為團隊的一員，為何和他人合作如此重要？

· 如果小組人數少，那麼每個人就可以選擇幾種顏色的筆。
· 如果受眾群是小孩子或者低效能團隊，那麼最好告訴他們畫什麼。
· 可以讓組員描摹彩色圖畫書上的作品。
· 可以增加遊戲難度，讓小組決定每個人使用那種顏色的記號筆。

遊戲 24

評估自己

遊戲目的： 自我評價

遊戲人數： 團隊參與

遊戲時間： 15～20 分鐘

遊戲材料： 評估表

遊戲場地： 室內

遊戲步驟：

1. 主持人發給每人一張評估表，請大家按 5 分制來給自己打分，評估內容可以是多方面的，例如，外表魅力、人際關係、工作能力、內在智慧，等等。

2. 請大家用同樣的方法和評判標準來給同一個人打分，這個人可以是參與者中的一員，也可以是大家都熟悉的另一個人，我們把他稱作代表人物。

3. 主持人將評估表收集起來，並計算出每個人的平均得分，以及代表人物的平均得分。

4. 對比自己與代表人物的得分，展開討論。

遊戲討論：

這個遊戲的重點不在評分，而在於檢視評價自己的標準是否客觀。如果大家都用相同的評判標準來給自己和代表人物打分，那麼從理論上說，大多數人都不可能高於平均水準。

遊戲結束後，可做如下討論：

1. 在結果揭曉之前，你認為自己的得分與「代表人物」的得分那個會更高？為什麼？

2. 結果被揭曉後，你是否感到詫異？你認為為什麼會出現這種落差？

遊戲 25

完成特大號鞋子

遊戲目的：所有組員合作完成一個有挑戰性的遊戲。

遊戲人數：

將一個大組分成幾個小組，每個小組 2～4 個人，需要培養團隊合作能力的人。

遊戲時間：不限

遊戲材料：

· 2 塊大木板

· 2～4 雙大號的舊鞋子

遊戲場地：不限

遊戲步驟：

收集 2～4 雙大號的舊鞋子，把鞋底牢牢地固定在木板上(用釘子、螺絲或者強力膠都可以)，鞋子都朝著一個方向，同一雙鞋子要分別固定在不同的木板上。

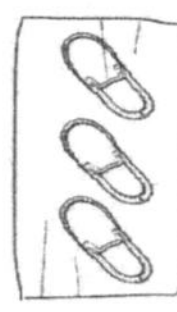

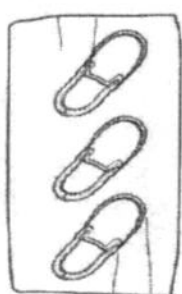

找一個大場地，把製成的「木板鞋」分別豎著放在場地的一端，要求參與者穿上一雙鞋子。小組要挑戰的內容就是合力向前移動，成功地穿過場地，到達另一端。

遊戲討論：

1. 在這個遊戲中，為了最後完成任務，小組成員需要如何做？

2. 在這個遊戲中，你擔當了那種角色？

3. 在你的生活中，你是否有過和他人合作完成任務的經歷？如果有，那是在什麼情況下，你要做的事情是什麼？

· 如果小組人數較多，那麼大輪流使用「木板鞋」，或者多做幾雙。

· 使用計時器，這樣小組可以為了打破紀錄多進行幾輪。

遊戲 26

認識每一個人的個性

遊戲目的：認識自己的性格特徵

遊戲人數：團隊參與

遊戲時間：30 分鐘

遊戲材料：印有各種星座圖案和星座性格特點的掛圖

遊戲場地：室內

遊戲步驟：

1. 主持人將 12 星座掛圖掛成一排，並且使圖與圖之間相隔 1 米。

2. 請每位參與者站到自己的星座掛圖前面。

3. 主持人介紹一個星座的性格特點，然後請該星座的參與者依次介紹他們自己的性格，並請所有人談談他們對每個人的性格的印象。

4. 依次進行完所有星座後，展開討論。

遊戲討論：

遊戲結束後，可做如下討論：

1. 你的星座特點與你本身的性格特點相符嗎？
2. 你的行為方式是否受到星座特點的影響？
3. 你自我認識的性格特點與別人眼中的你有什麼區別？

遊戲 27

團隊合作的競標

遊戲目的：團隊共同解決問題，並做出決定。

遊戲人數：2～20 人，需要練習參與團隊決定的人。

遊戲時間：不限

遊戲材料：

- 一大張紙、黑板、白板等
- 可以在紙、黑板及白板上寫字的筆
- 可以讓小組從 A 點到達 B 點的各種物品(例如飛盤、紙張、繩索、呼啦圈、木片或紙板、舊垃圾桶、運動墊子等任何你可以找到的東西)
- 紙
- 鋼筆或鉛筆
- 備選：遊戲籌碼

遊戲場地：不限

遊戲步驟：

這個遊戲結合了兩個團隊合作類的遊戲。在一張紙上列出你收集到的所有物品，展示給組員們看。將所有人分成若干小組，每組至少 2 人，給每個小組提供一張紙和一隻筆。幫助小組理解他們的任務——使用物品單上的任何物品，把小組所有成員從場地的一端轉移到另一端(至少 10 碼遠)，小組成員身體的任何一部份都不能接觸地面。

第一部份，首先小組必須透過競標，才能得到物品單上的物品。每個小分隊有 100 分(或者 100 個遊戲籌碼)，可以用於購買物品。他們需要根據物品的重要程度為每個物品標價，並記錄在紙上。例如，可能有一個小隊出價 75 分購買飛盤，25 分購買繩索。另一個小隊出價 50 分購買繩索，25 分購買飛盤，還有 10 分用於購買紙張，15 分用於購買紙板。

在標價完成後，把記錄的紙張收集上來，根據出價高低分配物品。因此第一隊就只能得到飛盤，第二隊可能會拿到繩索、紙張和紙板。如果有兩隊打成平手，那麼可以再進行一次競標，或者在條件允許的情況下平均分配。

在各個小隊都拿到相應物品後，就可以開始第二部份的團隊合作遊戲了。組員要緊密合作，成功地把每一名隊員運送至另一邊，並且小組成員身體的任何一部份都不能接觸地面。

遊戲討論：

1. 在你的小團隊中，決定標價數額的過程是否有難度？為什麼有難度，或為什麼沒有難度？

2. 為了達成一致，你們該怎樣做？

3. 在你有不同意見的時候，你會怎樣做？

4. 在這個遊戲結束後，你如何評價自己團隊的合作能力？

5. 在小組做決定的過程中，你通常擔當什麼樣的角色？你覺得你是否適合這個角色？為什麼？

這個方法也可用於「變廢為寶」那個遊戲，團隊成員可以競標購買用於創作藝術品的物品。

遊戲 28

養成快樂的習慣

遊戲目的：營造快樂

遊戲人數：每組 5～7 人

遊戲時間：10～15 分鐘

遊戲材料：一台答錄機及相關磁帶

遊戲場地：室內

遊戲步驟：

這個遊戲可以鍛鍊大家的組織能力和表現能力，而且更重要的是能營造一種輕鬆的氣氛，以此來使大家養成快樂的習慣。

1. 請把參與遊戲的人分別組成 5～7 人的小組，而且讓各個小組面朝內站成圓圈。

2. 選出一個組長，讓他帶領大家在《不要煩惱，快樂起來》或在其他輕鬆快樂的樂曲中開始伸展活動。組長的角色是演示簡單的伸展動作和伸展時的呼吸方式。

3. 一分鐘換一次組長。

4. 提醒人們要理解其他人，鼓勵但不強迫參與。

5. 作為放鬆的手段，呼吸練習的價值不可低估，而活動的重點就在於放鬆。

遊戲討論：

這是一個良好的調節和放鬆的遊戲，透過這個放鬆練習可以提高團隊的凝聚力、培養組織能力及下屬的配合能力。

在遊戲過後進行這樣的討論：

1. 在跟隨樂曲節奏做伸展練習時，你的腦海中想到了什麼？

2. 當你作為組長帶領大家練習時，你的感覺又是如何？

3. 作為組員，你對組長的配合程度如何？

遊戲 29

傳遞祝福話

遊戲目的：交流自己的感受，幫助他人提高自信心

遊戲人數：

至少 4 人，缺少自信的人，以及需要多瞭解他人的人。

遊戲時間：不限

遊戲材料：

· 每人一個大信封

· 一遝 3 尺×5 尺的便箋紙

· 鋼筆或鉛筆

· 一段繩子(長度取決於組員的多少)

遊戲場地：不限

遊戲步驟：

每位組員在信封上寫下自己的名字，在信封角上戳一個洞，把它穿在繩子上。把穿有信封的繩子掛在牆上，或是兩把椅子之間，讓中間掛著的信封懸在空中。

為每位組員提供一遝便箋紙以及一隻筆。告訴每個人，只要他們有時間，就可以在卡片上寫一些讚美他人的話語，並把紙片放在被讚美者的信封裏。

每位成員能表揚的人越多越好。選擇一個時間，讓組員讀出他們的「愛心傳遞」便箋，或者什麼時候有組員要離開小組，他就可以取走自己的信封，並讀出裏面讚美組員的內容，作為他送給小組的禮物。

遊戲討論：

1. 在讀過信封裏的便箋後，你有那些感受？
2. 在給他人寫讚美的話時，你有那些感受？
3. 為何能夠接受並給予讚美很重要？

要求每個人給組裏的所有成員都寫一張讚美便箋。

遊戲 30

訓練如何控制自己的情緒

遊戲目的： 身心互動

遊戲人數： 團隊參與

遊戲時間： 5～10 分鐘

遊戲材料：無

遊戲場地：寬敞的會議室

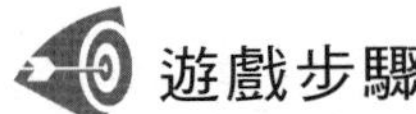

遊戲步驟：

1. 請大家全體起立，然後坐下；再次請大家全體起立，不過這次的速度要比剛才快 10 倍，然後再坐下；第三次請大家起立，並要求大家比第二次再快 10 倍。

2. 問大家是否感覺到一種振奮的情緒。

3. 請大家抬頭看天花板，張開嘴巴大笑三聲。保持現在的樣子：張開嘴巴，看著天花板。這時，要求每個人想一件人生中最悲傷的事。持續 30 秒鐘，然後請大家回到自然狀態。

4. 這時，主持者將聲音放低，要求大家慢慢地把頭低下來，請大家回憶令他們特別開心的事情，持續 30 秒鐘，然後回到自然狀態。

5. 在這種狀態下，人是不可能真正體會到那份快樂的，因為人的身體處於一種低沉的狀態，這就是身心互動原理的內涵。

遊戲討論：

遊戲結束後，討論下面的問題：

1. 當讓你想悲傷的事情時，你的體會如何？興奮的動作是否阻止了你的悲傷？

2. 當讓你想快樂的事情時，你的體會又如何？消極的動作是否影響了你的快樂？

3. 你是否理解了動作影響情緒的方法？如何在生活和工作中應

用這一方法？

遊戲 31

完成美好的故事

遊戲目的：

透過認可他人的優點以及聽取他人的表揚來提高自信心。

遊戲人數：

至少 2 人，有創造力，並能從聽取讚賞中獲益的人，參與者需要互相熟悉。

遊戲時間：不限

遊戲材料：

· 紙

· 鋼筆或鉛筆

遊戲場地：不限

遊戲步驟：

將參與者分成若干小組，每組 1～6 人。把各個小組互相隔開，讓他們聽不到對方的討論。給每個小組一遝紙和一隻筆，讓一個小組到另一小組那裏，記錄下另一組所有組員的姓名。

要求每個小組寫一個故事，故事的主人公是另一小組的所有成員，故事要體現出他們的所有優點，作為故事的主線。故事創作完成後，要求每個小組把自己創作的故事讀給大家聽。

遊戲討論：

1. 你對其他組關於你的性格特徵的描述感到驚訝嗎？
2. 你能想出其他關於你們組員或者其他小組成員的優點嗎？
3. 你如何用自己的優點來改善生活，做自己心中的「主人公」？

讓每位組員寫一則關於自己的故事，故事中要有其他家庭成員、朋友或者小組成員。

遊戲 32

排解不良情緒

遊戲目的：忘掉煩惱，排解不良情緒

遊戲人數：不限

遊戲時間：5～10 分鐘

遊戲材料：白紙、鉛筆、空箱子

遊戲場地：室內

遊戲步驟：

1. 主持人告知大家，他們將有一個機會來扔掉自己的煩惱。
2. 發給每人一張白紙，在紙上寫下自己的煩惱，不必署名。
3. 把寫有煩惱的紙揉成一團，扔進空箱子裏。
4. 在所有人都扔掉煩惱紙團後，主持人任意撿起一個紙團，扔給其中一人，接到紙團的人大聲讀出上面寫著的煩惱。
5. 針對這個煩惱，大家一起來討論可能的解決方案。
6. 重覆這個過程，直到所有的煩惱都被討論過。
7. 燒掉所有的紙團。

遊戲討論：

這個遊戲旨在幫助大家找到排解煩惱的方法。自己心中的很多煩惱其實也是其他人普遍存在的問題。如果一個人把煩惱悶在心裏，那麼就只能保持著一個人的焦慮，但如果大家共同交流了，那麼有些焦慮就很容易被解決了。

遊戲 33

製作一幅大看板

遊戲目的：讓參與者毫無壓力地展示自己的優點。

遊戲人數：

至少 1 人，自信心較差，不善於表達自己優點的人。

遊戲時間：不限

遊戲材料：

· 每人一張尺寸較大的紙(大捲厚紙或新聞用紙)

· 水彩顏料、畫刷

· 膠帶

遊戲場地：不限

遊戲步驟：

給每人一張足夠大的紙、顏料或記號筆。指導組員製作一幅看板，要求尺寸較大，顏色鮮明，創意大膽，其中最重要的是反映創作者優點的文字和圖畫，每個人必須透過在看板上突出自己的優點來宣傳自己。所有人都完成自己的看板後，要求每個人把看板上的話讀給大家聽，如果空間足夠大，也可以把它掛在牆上。

遊戲討論：

1. 在思考可以放在看板上的優點時，是否感覺有難度？如果有，為什麼？

2. 在別人看你的看板時，你是什麼感覺？

3. 為何發掘自身優點很重要？為何能夠向他人表述自己的優點很重要？

遊戲 34

保持樂觀積極心態

遊戲目的：保持樂觀積極心態

遊戲人數：5～10 人一組

遊戲時間：20 分鐘

遊戲材料：紙和筆

遊戲場地：安靜的室內

遊戲步驟：

1. 主持人發給每人一張紙，讓大家寫上自己今天最不開心的事情。

2. 主持人將所有的紙條都收集起來，大聲地念出來。

3. 大家談談自己對別人的不幸遭遇的看法。

遊戲討論：

這個遊戲的目的是讓大家透過與別人分享自己的不幸遭遇，一方面釋放自己心中的煩惱和不快，另一方面認識到自己並不是那個唯一不幸的人。每個人都有自己的煩惱，所以我們遇到的不順利、不開心的事情其實不算什麼，這樣就幫我們恢復了積極樂觀的心態。

遊戲 35

適應新生活

遊戲目的：

讓參與者以一種恰當的方式向傷害過自己的人或事表達出自己的憤怒情緒，在釋放憤怒情緒後，讓人們能夠找到一條能夠引領他們走向美好未來的積極之路。

遊戲人數：

至少 1 人，心懷憤怒、難以釋懷的人，難以用恰當方式釋放憤怒的人，因為心懷憤怒，而無法看到美好未來的人。

遊戲時間：不限

遊戲材料：

- 一條玩具賽車跑道
- 幾輛能夠在跑道上行駛的小車
- 紙板相框或小箱子
- 新聞報紙
- 彩色記號筆或蠟筆
- 膠帶

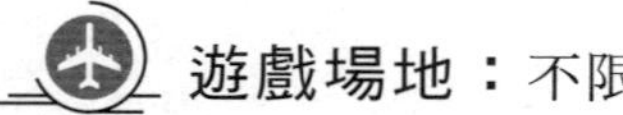

遊戲場地：不限

遊戲步驟：

在遊戲開始前，建好跑道，讓跑道從高處(椅子或桌子的邊沿)到低處有一個陡坡，把相框或箱子放在陡坡的末端。選擇的小車需要能夠沿著跑道行駛，從陡坡上衝下來，然後穿過相框。

要求每一位組員想想讓他們感到憤怒的人或事，並且以恰當的方式表達自己的憤怒之情(例如，「我很生氣因為我遭到了侮辱」，或者「我很生氣因為我有病，這不公平」，不恰當的表達方式是「我很生我們老師的氣，因為她讓我們課間休息」)，然後讓每個人畫一幅讓他憤怒的人或事物的畫像。

每個人都畫完圖像後，讓大家都聚集在你製作的跑道旁邊。大家輪流「粉碎」自己的憤怒情緒，讓每個人都有機會開始積極向上的新生活。隨後每個人輪流把自己畫的畫像粘在相框上，告訴其他組員是什麼讓他們如此憤怒，選擇一輛車，然後讓它衝下跑道，看著它衝破畫像。完成後把畫像丟在一個箱子裏，大家最後丟掉這個箱子，當作一種給憤怒情緒的葬禮。

最好在遊戲前用紙測試一下跑道，確保車能夠撞破這種紙。

每個人都輪流進行一次，然後聚集在一起開始遊戲的第二部份，即把箱子扔掉。在釋放出內心的憤怒後，讓每個人畫出他們的車以後要行進的路線。在路途中，會有一些他們感覺開心、安全或能夠讓他們尋求幫助的站點。激發組員的創造性，讓他們制訂一個積極的愉快的旅遊計劃，而不是憤怒的、苦惱的計劃。在給小組展示之前，最好製作一張樣圖。

每個人都完成自己的地圖後，留出時間讓大家交流討論一下。

遊戲討論：

1. 在你畫圖時，你有何感想？

2. 你的車衝破畫像時，你是什麼感受？

3. 我們把憤怒藏在心裏，不釋放出來，會有什麼後果？

4. 你有其他方式發洩憤怒情緒嗎？這些方法是否恰當？

5. 如果你沒有讓你的車衝破你的憤怒，你是否會畫出不同的未來路線？

6. 在做完這個遊戲後你有何感受？

遊戲 36

壓力是最佳的試金石

遊戲目的：積極面對壓力

遊戲人數：團隊參與

遊戲時間：20 分鐘

遊戲材料：胡蘿蔔、雞蛋、咖啡豆、電磁爐、鍋

遊戲場地：室內

遊戲步驟：

1. 主持人把胡蘿蔔、雞蛋和咖啡豆同時放到鍋裏煮。

2. 給大家 10 分鐘的時間，讓大家談談自己最近感受到的壓力以及自己是如何面對壓力的。

3. 主持人揭開鍋蓋，請大家看看鍋裏的東西有什麼變化。大家會看到胡蘿蔔煮軟了，雞蛋煮熟了，咖啡豆在高溫下散發出了濃烈的香味。

4. 主持人開始引導大家思考和討論。

遊戲討論：

壓力是最佳的試金石，然而看似堅強的我們，在遇到壓力的時候反應卻各不相同，有人迎難而上，有人畏難退縮。這個遊戲透過演示三種食物在沸水烹煮之下的不同變化，來激發大家直面壓力的勇氣。遊戲結束後可做如下討論：

1. 胡蘿蔔、雞蛋和咖啡豆產生的變化有什麼不同的含義？

2. 假如把大家遇到的壓力比喻成一鍋沸騰的開水，那麼你是軟弱的胡蘿蔔，是原本軟弱卻變得越發堅強的雞蛋，還是在煎熬中改變環境的咖啡豆？

遊戲 37

隱藏的心

遊戲目的：

讓參與者意識並瞭解到內心的憤怒情緒如何影響他們的生活，幫助他們尋找心中美好的事情，鼓勵他們與他人分享這些情感。

遊戲人數：

至少 1 人， 對生活感到憤怒，容易把憤怒情緒發洩到他人身上的人，內心感到憤怒，並把這些憤怒情緒隱藏起來，最終對自己或他人造成傷害的人。

遊戲時間：不限

遊戲材料：

· 紙
· 鋼筆或鉛筆
· 剪刀
· 細條絲帶
· 每人一隻大氣球和小氣球(沒吹氣的)
· 永久性彩色記號筆

遊戲場地：不限

遊戲步驟：

給每個人發一隻小氣球、一條絲帶、一張紙、一把剪刀和一隻筆，然後解釋一下規則，這隻小氣球代表了他們的心，所有的痛苦、傷害和憤怒都裝在這顆心裏。指導他們剪裁一小條能夠放入氣球裏的紙，在紙上寫下自己的憤怒情緒，然後把紙條放入氣球，用絲帶繫緊(不要吹起來)，這些紙條不能給任何人看。

給每人一隻大氣球，讓每個人把自己的「心」放在大氣球中，指導組員把氣球吹大，並繫緊。讓他們在氣球外面寫出為了隱藏內心的情感，自己在他人面前會如何表現。有些人用開玩笑的方式隱藏痛苦，有些人即使很沒安全感，很孤獨，卻總是表現得很自信——這些就是人們需要寫在氣球外的東西。

所有的氣球都寫上字後，把小組湊在一起，討論氣球外面寫的內容。讓每個人和他人交流至少一條氣球外面寫的內容，然後向組員提出疑問。隱藏內心的情感是否是一件好事，或者他們是否願意讓他人更多地瞭解他們的生活，如果可以，則要想出一種讓他人瞭解自己的方式。討論結束後，讓他們戳破氣球，象徵著他們會擺脫所有用於掩蓋痛苦的壁壘。

氣球戳破後，纏著絲帶的「心」還會完好無損，讓每位組員用下一個星期的時間找到一個值得相信的人，託付自己的「心」。他們應該向這個人解釋，自己的心所代表的內容，以及為何想要交給他，然後讓他解開絲帶，看一看「心」裏面的紙條。如果條件允許，一星期後把小組聚集在一起，跟進一下，看看那些人送出了自己的心。或者挑戰一下組員，讓組員把「心」中的內容讀給其他組員聽。

遊戲討論：

1. 你藏在內心的情感和感受對你產生了那些影響？

2. 你心中的那些經歷讓你感到很憤怒？

3. 如果你擺脫了心中的消極情感，只留下積極的情感，你的生活會發生那些改變？

4. 你如何擺脫生活中的消極情感？

5. 你願意把自己的心交托給他人嗎？為什麼？

6. 這個遊戲對你找到可以信任的人，並說出自己的感受有何幫助？

遊戲 38

這杯水有多重

遊戲目的：釋放壓力

遊戲人數：團隊參與

遊戲時間：5～10 分鐘

遊戲材料：紙杯、水

遊戲場地：寬敞的會議室

遊戲步驟：

1. 主持者舉起一杯水，問大家：「各位認為這杯水有多重？」

2. 大家的回答可能各種各樣。

3. 這時主持者繼續說：「這杯水的重量並不重要，而真正重要的是你能舉多久？」

遊戲討論：

這杯水的重量是不變的，但你舉得越久，就越覺得沉重。這就像日常生活與工作中我們所承擔的壓力一樣，如果一直把壓力放在身上，那麼最後就會覺得壓力越來越重，以致自己難以承擔。

我們必須做的是放下這杯水，休息一下，然後再舉起這杯水，這樣就可以舉得更久。對待壓力，也是一樣。

遊戲結束後可以一起討論下面的問題：

1. 從遊戲中你體會到了什麼？

2. 如何理解「捨得」的含義？

3. 一味地執著必然能得到理想的結果嗎？

遊戲 39

控制自己的憤怒

遊戲目的：

讓參與者練習在遇到不公平待遇的情況下如何更好地控制自己的憤怒情緒。

遊戲人數：

5～12 人，難以控制自己憤怒情緒的人，在事情不盡如人意時容易沮喪的人。

遊戲時間：不限

遊戲材料：

· 幾副紙牌
· 一副骰子
· 一袋糖果(每塊糖果都要獨立包裝)，每人大概五塊
· 列印出來的規則表

遊戲場地：不限

遊戲步驟：

在開始遊戲之前，必須要求參與者閱讀所有的遊戲規則。

1. 輪到你的時候，你可以擲骰子，或者選擇一張牌。

2. 如果你擲骰子得到的數是：

奇數——你必須把一塊糖果放到罐子裏(罐子在桌子的中間)；

偶數——你可以從他人那裏拿一塊糖果；

雙偶——你必須給另一個組員一塊糖果(這個不算偶數)。

3. 如果你抽出一張牌，得到：

紅心——你必須給你右邊的人一顆糖果；

梅花——你必須給你左邊的人一顆糖果；

方片——你必須往罐子裏放一顆糖果；

黑桃——你可以從罐子裏拿兩顆糖果(如果罐子是空的，你可以選擇一個人，拿走他一塊糖果)。

4. 如果有人不幸失去了所有的糖果，那麼他就會被淘汰。

5. 如果你被淘汰了，你還可以坐在圓圈中間，如果有人在遊戲中給了你一塊糖果，你就可以重返遊戲(不能因為出於好心，而送給被淘汰的人糖果，這必須由紙牌或骰子決定）。

6. 指導者決定誰在遊戲中最有風度，這個人在遊戲結束後，就可以得到罐子裏的所有糖果。

7. 在遊戲結束後，得到糖果最多的人獲勝，其他人可以留下自己手中的糖果。

在遊戲開始前，把紙牌中的黑桃留下兩張，其餘的全部取出，並把留下的兩張黑桃隨意放進紙牌的上部。如果條件允許，拿兩副完全一樣的紙牌，用其中一副紙牌中除黑桃以外的任一花色，取代另一副牌中的所有黑桃。

一開始，讓組員圍成一個圈，給每人五塊糖果，告知組員，他們要把所有糖果保留到遊戲結束（即在結束前不能吃掉這些糖果）。在遊戲期間，把幾份列印好的規則放在桌子上，便於玩家參考。指導者最好也參與到遊戲中來。

可以設定一個時限，也可以在一定人數被淘汰後，或者罐裏放滿糖果時結束遊戲。在遊戲結束後，選出一名最有風度的人。當然，這個當選者會是你——遊戲的指導者——（因為這是一個不公平遊戲），你選了自己後，需要迅速拿走所有的糖果。

這是為了確保遊戲真的不公平，就像生活中會遇到的一些情況一樣。一般在這種遊戲結束後，我們習慣於把糖果分給所有人。一定要壓制住這種衝動，這樣遊戲才有效果。把糖果留到第二天，或者留給下一個遊戲！為了加強效果，如果他們沒有發現紙牌的疊放對自己不利的話，你可以揭開紙牌的謎底。

而且在遊戲結束前，不要告訴他們這個遊戲叫作「不公平遊戲」，就叫它「糖果遊戲」或者一些別的名字，讓他們在遊戲結束前毫無察覺。

遊戲討論：

1. 這個遊戲不公平嗎？為什麼？

2. 你現在有何感受？

3. 你是否感覺自己在生活中遭受了不公平的待遇？如果有，你會如何處理？

4. 你是否想過，如果再次遭到不公平待遇的時候，這個遊戲會幫助你改變你的一些做法嗎？如果是這樣，它會如何改變你？

遊戲 40

勇敢面對認錯

遊戲目的：勇敢地面對錯誤

遊戲人數：團隊參與

遊戲時間：25 分鐘

遊戲材料：無

遊戲場地：室內、室外不限(草地最佳)

遊戲步驟：

1. 全體成員在較空的場地上圍成一個圈，約定相應的口令及動作。

2. 當主持人喊「1」時，舉右手；喊「2」時，舉左手；喊「3」時，抬右腳；喊「4」時，抬左腳；喊「5」時，停止不動。

3. 遊戲開始。按順序喊出一、二、三、四、五，速度可以慢點，接著逐漸加快速度；然後，不按順序，任意喊出動作口令，速度也逐漸加快。

4. 如果有人出錯了，那麼請他到圈中向大家致歉，說聲：「對不起，我錯了。」然後，歸隊繼續做此遊戲。

遊戲討論：

遊戲結束後，討論下面的問題：

1. 你在大聲承認錯誤之後，是什麼感覺？

2. 你在日常生活和工作中也能像遊戲中那樣做到勇於認錯嗎？

遊戲 41

不公平的競賽

遊戲目的：

讓參與者練習在明顯不公平的情境下如何控制自己的憤怒情緒。

遊戲人數：

至少 4 人，難於控制憤怒情緒的人，以及在事情發展不順利時，很容易沮喪的人。

遊戲時間：不限

遊戲材料：一個籃球、排球或沙灘球

遊戲場地：不限

遊戲步驟：

要求小組組員從矮到高排隊，將隊列從中斷開，這樣所有身高偏矮的人就站到了一隊，而所有身高較高的人就站到了另一隊。設計一個身高佔優勢的遊戲，讓小組成員一起玩。下面是一些可以供你選擇的遊戲建議：籃球、排球或沙灘球。

遊戲進行一段時間後，高個隊伍可能會領先，矮個隊伍可能會有

些沮喪。在這個時候，改變遊戲規則，在餘下的比賽時間裏，高個隊伍中的所有人都必須把一隻手放在口袋中或者放在身後。

遊戲討論：

1. 當遊戲規則對你有利時，你是什麼感受？
2. 當遊戲規則對你不利時，你是什麼感受？
3. 你是否覺得你的生活就像這個遊戲一樣？通常你是贏家還是輸家？
4. 當有些事看起來對你很不公平時，你會發怒嗎？
5. 在你感覺遭受不公平待遇時，你會怎樣發洩你的憤怒情緒？
6. 是否存在更好的處理不公平情況的方式？

遊戲 42

保持你的自信心

遊戲目的：保持自信，堅持原則

遊戲人數：2 人一組

遊戲時間：50 分鐘

遊戲材料：四級自信模式卡(見附件)

遊戲場地：不限

遊戲步驟：

1. 將所有人分成 2 人一組，一個為 A，另外一個為 B，讓他們面對面站著，間隔 2 米左右。

2. 讓 A、B 兩方一起向對方走去，直到其中一方認為已經達到了一個比較合適的距離(即再往前走，他會覺得不舒服)然後便停下。再讓小組中的另一個人，例如 B，繼續向前走，直到他認為不舒服為止。

3. 現在每個小組至少有一個人覺得不舒服，因為 B 侵入了 A 的舒適區。

4. 現在，請所有人回到座位上去，給大家講解四級自信模式。

5. 將所有小組重新召集起來，讓他們按照剛才的站法站好，然後告訴 A(不舒服的那一位)，現在他們進入自信模式的第一階段，即很有禮貌地勸他的同伴離開他，例如，「請你稍微站開點好嗎？這樣讓我覺得很不舒服！」注意，要有禮貌，要面帶微笑。

6. 告訴每組的 B，他們的任務就是對 A 微笑，然後繼續保持那個姿勢，原地不動。

7. A 中現在有很多人已經對他的搭檔感到惱火了，他們進入了第二階段，即有禮貌地重申他的底線，例如，「很抱歉，但是我確實需要大一點的空間」。

8. B 仍然微笑，不動。

9. 現在告訴每組的 A，他們下面可以自由選擇怎麼做來達到目的，但是一定要依照四級自信模式，要有原則，但是也要控制自己的不滿，儘量達成溝通和妥協。

10.如果你們已經完成了勸服的過程，那麼互相握手道歉，回到座位上。

遊戲討論：

這個遊戲主要是培養人們堅持原則的能力。生活中，自信的人總是那些能堅持自己的原則，按照自己的價值觀去生活的人。但是，堅持自己和尊重別人是否會有衝突呢？在這個遊戲中，我們會找到這個問題的答案。做這個遊戲要注意的是：

1. 當別人跨入你的區域的時候，你是否會覺得很不舒服？那麼怎樣做你才能把個性、文化、倫理道德觀不同的人界定在你認為比較舒服的距離之外呢？實際上，只要大家平心靜氣地進行溝通，那麼這些問題都不是不可解決的，關鍵是要克制住自己的不滿情緒，理解對方。

2. 是不是每一組的 B 都退到了讓 A 足夠滿意的地步？那些是 A 和 B 妥協以後的結果？只要能做到尊重對方，就能很快解決這樣的問題。尊重對方並不等於放棄自己的權益，如果對方像上述遊戲中的 B 一樣，那麼我們所要做的就是在有禮貌地溝通的基礎上堅持自己的原則。

◎附件——四級自信模式卡

第一級：透過有禮貌地提出請求，設定你個人的底線。

注意：對你的需要進行簡單、誠實的表達。為了使對方能得到尊重，可以使用下面的表述：「你介意嗎？（頓一下）我覺得……」

第二級：有禮貌地重申一次你的底線。

記住：你要在不得罪任何人的情況下，堅持自己的需要。事實上，不必出言不遜你就可以做到。你可以考慮這麼說：「很抱歉，我真的需要……」(提示：在你第一次請求之後對方沒有退讓的事實，那麼你可以給出第二次請求——儘管他還是以和善的方式拒絕，但這至少可以增加許多力量)

第三級：讓對方知道不尊重你的底線的後果。

「這是對我很重要的事。如果你不能……我就不得不……」注意，你的後果也許只能是簡單地走開，否則會讓彼此更難堪。但要注意：大多數人在這個時候通常會放棄自己的要求。我們大多數人害怕採取堅持的態度，但是，有時我們必須採取行動來保護我們的界限，這是事實。

第四級：實施結果。

「我明白，你選擇不接受。正如我剛剛所說的，這意味著我將……」

遊戲 43

控制你的身體

遊戲目的：

讓參與者討論並瞭解，我們開始生氣的時候，我們的身體有何反應，這樣大家就能夠辨別自己發怒的徵兆，在失控之前，及時採取措施控制自己的情緒。

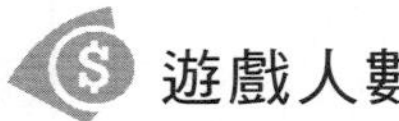

遊戲人數：

至少 2 人，需要瞭解自己身體生氣時的徵兆，在發作之前能夠利用技巧控制住自己憤怒情緒的人。

遊戲時間：不限

遊戲材料：

· 一件可以在上面寫字的舊 T 恤

· 一條可以在上面寫字的舊褲子（或者進行身體彩繪）

· 面漆

· 可以在面料上寫字的記號筆

遊戲場地：不限

遊戲步驟：

讓一個志願者穿上你收集到的舊衣服，站在其他組員的面前。接下來要求小組組員進行思考，在自己感到憤怒的時候，自己的身體會出現何種反應。

大家討論的時候，讓一個人把面漆塗在志願者的相關身體部位，或者用記號筆在衣服上記錄下來。（所有的行為都應該適度，而且最好選一個男性志願者。）例如，可以在胸部寫「呼吸加速」，代表肺部呼吸加劇，在臉頰上寫「臉紅」，代表臉會變紅，以及其他大家能想到的憤怒的特徵。

這個遊戲可以由一個大組共同完成，也可以分成幾個小組來完成，在遊戲結束後，參與者要相互交流自己的成果和體驗。

遊戲討論：

1. 你最常出現的身體反應是什麼？
2. 你怎樣控制自己的情緒？
3. 你怎樣釋放緊張的情緒？
4. 你認為我們的身體為何會出現這些徵兆？
5. 你如何利用身體徵兆來幫助自己控制憤怒情緒？

遊戲 44

對自我的讚揚

遊戲目的：培養自信心

遊戲人數：團隊參與

遊戲時間：30 分鐘

遊戲材料：記事本

遊戲場地：不限

遊戲步驟：

1. 主持者暗示參與遊戲的人，讓他們知道每個人都希望贏得別人的尊重，因為贏得尊重會幫助我們找回自信。將團隊分成若干個小組，每 2 個人一組。

2. 讓每個組寫出 4～5 個他們所注意到的自己搭檔身上的優點，諸如，一個身體上的良好特徵，如甜美的笑容、悅耳的嗓音等；一種極其討人喜歡的個性，如體貼他人、有耐心、細心等；一種引人注目的才能或技巧，如良好的演講技巧、打字異常準確等。注意所列出的各項內容都必須是積極的、正面的。

3. 在參與遊戲者寫完後，每 2 個人展開自由的討論，其中每個人都要告訴對方自己所觀察到的東西。

4. 建議每個人把他的搭檔所作出的那些積極的回饋信息記錄下來，並在自己很沮喪的時候拿出來看。

遊戲討論：

這個遊戲就是要讓參與者體會到什麼是積極的回饋，從而在這些積極的回饋中找到自信。

對於我們大多數人來說，讚揚別人是一件很困難的事情。但是這個遊戲會培養我們讚揚他人的能力，這對我們自己來說，可以幫助我們建立起良好的人際關係，對他人來說，可以幫助他人建立自信心。

做好這個遊戲，會給每個參與者留下美好的記憶，幫助他們渡過以後的難關。當遇到挫折或者受人質疑時，他們可以回顧這段美好時光，從而找回自信。

遊戲 45

學會因應方法

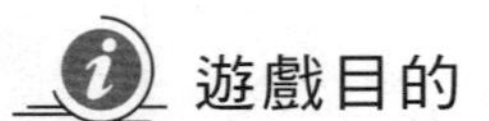

遊戲目的：

抵制參與者現有的處理憤怒情緒的錯誤方式，學會正確地擺脫憤怒情緒的方法。探討處理憤怒情緒的各種方式，以及這些方式對人們生活產生的影響。

遊戲人數：

至少 3 人，憤怒時容易對自身、他人或財物造成傷害的人。

遊戲時間：不限

遊戲材料：

· 3 尺×5 尺的卡片或者小紙片

· 鋼筆或鉛筆

· 3 個紙箱

遊戲場地：不限

遊戲步驟：

給每位組員一遝卡片或者小紙片以及一隻筆，要求他們把卡片分成三摞擺在面前，在一摞卡片上寫上「正確方式」，另一摞寫上「錯誤方式」，最後一摞寫上「過激方式」。

根據你對組員的瞭解，設計一些最可能激起組員憤怒情緒的場景，然後把這些場景一個一個地讀給組員聽。或者可以讓組員互相交流，分享他們憤怒時發生的事情，並描述當時的場景。

閱讀完一個場景後，每個人必須在「正確方式」的卡片上寫下處理這種情況的正確方式，同理，另兩摞卡片也要分別寫上一種相應的方式。給三個紙箱分別貼上「正確方式」、「錯誤方式」以及「過激方式」的標籤，完成後，把卡片放在對應的箱子裏。盡可能多地講述一些場景，讓參與者多寫一些卡片。

在完成所有場景的描述或閱讀，且提交完卡片後，拿起「過激方式」的紙箱，一張一張地讀裏面的卡片。每讀完一張，就讓大家思考自己是否用這種方式表達過自己的憤怒，如果有，舉手示意，並講述當時的情境，然後大家討論用這種方式處理憤怒情緒的後果或影響。用同樣的方式處理「錯誤方式」以及「正確方式」的紙箱。

遊戲討論：

1. 你從這個遊戲中學到了什麼？
2. 你更傾向於用那種方式表達你的憤怒？為什麼？
3. 那種方式對你來說最有效？它是正確的方式嗎？
4. 對你來說，處理憤怒情緒的最好方式是什麼？

遊戲 46

答非所問

遊戲目的：

有意識地控制自己的言語和行為

遊戲人數：5～10 人

遊戲時間：5 分鐘

遊戲材料：無

遊戲場地：不限

遊戲步驟：

這是一個關於影響力和報復的遊戲。大家圍成一個圓圈，在等待自己表演的時候，你會發現戲劇性和出人意料的效果，這使整個遊戲具有了很強的觀賞性。

1. 圓圈裏的第一個人（可以是一名志願者，或者是遊戲的主持者）模仿表演一個簡單的日常活動，例如，梳頭或者寫信。圓圈裏的第二個人問：「你在做什麼？」表演者一邊繼續表演，一邊回答：「我在……」他可以說出任何的日常活動，但就是不能說他現在正在表演的正確活動，例如，他可以說：「我在騎馬。」

2. 在第一個人回答了活動內容以後，提問的人必須模仿表演這個動作，例如，在這個例子中就是騎馬。然後，圓圈裏的下一個人將問：「你在做什麼？」如此輪流下去。

3. 當這個活動在圓圈裏循環了一遍後，每個人必須為他相鄰的人指定一個新的活動讓他表演，內容不能重覆。當你旁邊的人開始模仿表演時，你可以停止表演。

4. 在遊戲已經完成了一輪或者兩輪時，從逆時針方向開始，這樣你就可以對之前為你設置活動的人設置活動了。

遊戲討論：

在做這個遊戲的時候，需要提醒初學者，在指定下一個活動的同時，要繼續表演自己的動作。這是即興表演的最大挑戰，因為身體行為和指定的新活動必須同時完成，而不能有意識地進行思考，要做到有效地控制自己的言行，以符合遊戲規則，這也是該遊戲的趣味所在。

在遊戲結束後，建議討論如下問題：

1. 在表演一個動作的同時你要說出一個新的動作，這種感覺如何？

2. 你能做到即興表演嗎？也就是說，不事先思考你要說些什麼嗎？

遊戲 47

改善你的人際交流

遊戲目的： 提問與傾聽技巧

遊戲人數： 10～20 人，2 人一組

遊戲時間： 20 分鐘

遊戲材料： 無

遊戲場地： 室內

遊戲步驟：

1. 主持人將所有人分成互不相熟的 2 人一組，告訴大家，他們將有機會當一次《超級訪問》的主持人和嘉賓。

2. 請每組的 2 人中名字筆劃多的人訪問另一人，時間為 5 分鐘，然後互換。

3. 採訪內容可以自擬，但必須包括對方的姓名、家鄉、工作和業餘愛好。

4. 採訪結束後，大家互相介紹自己的採訪對象，時間為 3 分鐘。

5. 大家評選出最佳的採訪記者，為其頒發獎品。

遊戲討論：

這個遊戲旨在透過採訪過程來鍛鍊提問、傾聽和總結的能力。遊戲結束後，可以做如下思考：

1. 在採訪別人的過程中，你是否得到了自己想要的答案？

2. 你的提問和對方的提問有何不同，對方是否很樂意回答你的問題？

3. 在介紹對方時，你記住了多少內容？

4. 透過互相的訪問，你與對方的感情增進了多少？這對你今後的日常人際交流有什麼啟示？

遊戲 48

改善你的溝通技巧

遊戲目的：溝通要抓住關鍵

遊戲人數：45 人

遊戲時間：5 分鐘

遊戲材料：「共同點和不同點」表格（見附件）

遊戲場地：不限

遊戲步驟：

在溝通中，如何迅速、準確地找到彼此感興趣的切入點，是良好溝通的關鍵。透過這個遊戲可以讓陌生的人相互熟絡起來，鍛鍊大家與陌生人見面後快速溝通的能力。

1. 將事先準備好的表格發給大家，每人一份。

2. 參與遊戲的人至少從其他 3 個人身上發現一個與自己共有的特點和一個與自己不同的特點。例如共同點是我們都是河北人；不同點是我是財務部的，他是技術部的。

3. 第一個完成任務的為優勝者，應給予獎勵。

遊戲討論：

在做這個遊戲的時候，找到與對方溝通的切入點是關鍵。該如何尋找切入點呢？有時，彼此之間的不同點也可以作為溝通和深入的話題，因為他不擅長的並不是他不喜歡的。當他不感興趣時，你可以講一些你的獨特經歷、獨特嗜好，也許這正是你們溝通時很好的切入點。

◎附件——「共同點和不同點」表格

序號	姓名	共同點	不同點
1			
2			
3			
……			

遊戲 49

雙向溝通法

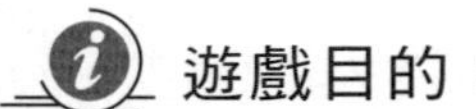

遊戲目的：

選擇合適的溝通方式

遊戲人數： 團隊參與

遊戲時間： 10～15 分鐘

遊戲材料： 白紙

遊戲場地： 室內

遊戲步驟：

單向溝通和雙向溝通各有各的優點，也各有各的缺點，在什麼情況下使用單向溝通更有效率，在什麼情況下使用雙向溝通比較好，是我們一直在探討的問題。這個遊戲讓大家有機會來親自體驗兩種溝通方式的利弊，同時引導他們去思考有效利用這兩種方式的方法有那些。

第一階段：

1. 發給每一個遊戲參與者一張 8 開的白紙。

2. 遊戲的主持者要發出單向指令，參與者不允許提問：

⑴將紙對折；

⑵再對折；

⑶再對折；

⑷把左上角撕下來，轉 180 度，再把右下角撕下來；

⑸睜開眼睛，把紙打開。

3. 遊戲參與者會發現，他們撕出來的形狀五花八門。

第二階段：

1. 重覆上述動作.只是這次參與者可以提問。

2. 參與者會發現，這一次大家撕出來的形狀很相似。

遊戲討論：

在這個遊戲中，遊戲的主要障礙和解決方案如下：

1. 在第一階段造成誤差的原因主要是主持者不許參與者提問，只許單向溝通，從而便產生了誤解。

2. 第二階段克服了單向溝通的弊端，提問有利於正確理解對方的意思，這是雙向溝通的優勢所在，但雙向溝通需要的時間也比較長。

遊戲 50

不要採用激怒性詞語

遊戲目的：避免使用含有負面意思，甚至敵意的詞語

遊戲人數：3 人一組，分成偶數組

遊戲時間：30 分鐘

遊戲材料：卡片或白紙

遊戲場地：不限

遊戲步驟：

1. 將參與者分成 3 人一組，但要保證是偶數組，兩個組結成對手進行一場遊戲。告訴他們：他們正處於一場商務場景當中，例如，商務談判，老闆對員工進行業績評估。

2. 給每個小組一張白紙，讓他們在 3 分鐘內列舉出盡可能多的會激怒別人的話語，而且每個小組不能使另外一組事先瞭解到的他們可能會使用的話語。

3. 讓每個小組寫出一個 3 分鐘的劇本，而且當中要盡可能多地出現那些激怒人的詞語。

4. 告訴大家計分標準：

⑴每個激怒性的詞語給 1 分；

⑵每個激怒性詞語的激怒程度給 1～5 分不等；

⑶如果表演者能使用這些會激怒對方的詞語來表現出真誠合作的態度，另外加 5 分。

5. 讓一個小組先開始表演，讓另一個小組的參與者在紙上記錄他們所聽到的激怒性詞語。

6. 表演結束後，讓表演的小組確認他們所說過的那些激怒性的詞語，必要時要對其作出解釋，然後兩個小組調過來，重覆上述的過程。

7. 在第二個小組的表演結束之後，大家一起給每一個小組打分，並給分數最高的那一組頒發激將大王獎。

遊戲討論：

討論下面的問題：

1. 什麼是激怒性的詞語？我們傾向於什麼時候用這些詞語？

2. 如果你無意間說的話被人認為是屬於激怒性的，那麼你會如何進行修補？你認為是你自己的看法重要，還是別人對你的看法重要？

遊戲 51

性格簽名

遊戲目的：瞭解他人

遊戲人數：團隊參與

遊戲時間：10 分鐘

遊戲材料：性格牌（見附件）

遊戲場地：不限

遊戲步驟：

1. 發給每個人一張性格牌，讓他們拿著它到處去尋找符合要求的人，然後請那個人在符合要求的格子裏簽字（每個人可能都有數項符合，但只許簽最準確的那個）。

2. 告訴大家他們有 10 分鐘的時間去收集簽名。

3. 收集簽名最多者為獲勝者。

遊戲討論：

這是一個讓新組建的團隊很快熟悉起來的遊戲。參加遊戲的人如何才能更好地完成遊戲呢？給大家的建議是：

1. 為了儘快找到符合要求的人，要懂得與他人溝通的技巧。在與人溝通的時候，可以試著使用多種不同的方法，例如，對於性格開朗的人你可能根本不用怎麼說話，他就會什麼都告訴你，但是對內向的人則需要你的引導，這時，你可以多問他幾個問題，這會加快你們的溝通速度，也會讓整個過程變得有趣。

2. 在找符合描述對象的時候，可以走捷徑。有些項目的描述是可以從外表看出來的，例如，在一邊說個不停、興高采烈的那個人沒準就是性格開朗的候選者，所以，從一個人外表散發出的氣質入手，可以更快地確定目標。

◎附件——性格牌

喜歡綠色	喜歡打籃球	做義工	有孫子或者孫女	喜歡獨自旅行
會彈鋼琴	性格開朗	不喜歡說話	喜歡爬山	喜歡打網球
不喜歡吃肉	喜歡孩子	學習很好	喜歡一個人獨處	喜歡開車
喜歡坐車	喜歡畫畫	喜歡唱歌	喜歡打壁球	偏好看電影

遊戲 52

記住名字

遊戲目的：快速記住對方的名字

遊戲人數：10 人一組

遊戲時間：10 分鐘

遊戲材料：無

遊戲場地：不限

遊戲步驟：

1. 讓所有的小組成員圍成一圈。

2. 任意提名一位參與者，讓他介紹自己的單位、姓名，然後讓第二名參與者接著介紹，但是他要說：「我是×××後面的×××。」接著，第三名參與者說：「我是×××後面的×××的後面的×××。」依次介紹下去……最後作自我介紹的一名參與者要將前面所有參與者的名字、單位覆述一遍。

遊戲討論：

有意識地培養自己記住他人的名字，是高情商的一個方式，這將有助於你在社交場合中展開活動。想一想，怎樣才能更好、更快地記住他人的名字？

遊戲 53

「但是」與「而且」的句子

遊戲目的：語言技巧

遊戲人數：團隊參與，2 人一組

遊戲時間：10 分鐘

遊戲材料：無

遊戲場地：室內

遊戲步驟：

1. 將 2 人分為一組，分別為 A 和 B。
2. 第一輪：A 先說一個提議，例如「我們去游泳吧」。然後 B 採用「好吧，但是……」的句式來回答，例如「好吧，但是我想先去吃飯」。A 也用相同的句式來回答，例如「好吧，但是咱們還是先去取錢吧」。以此類推，直到 5 分鐘後結束。

3. 第二輪：A 說一個建議，例如「我們去游泳吧」，B 採用「好吧，而且……」的句式來回答，例如「好吧，而且我還想去吃飯」，雙方的回答都要用「而且……」的句式，以此類推，直到 5 分鐘後結束。

遊戲討論：

在溝通中，同樣的意思用不同的表達方式說出來，其產生的效果是有區別的。在遊戲中，參與者要體會「但是」和「而且」所帶來的不同感受。

遊戲結束後，可做如下討論：

1. 在第一輪和第二輪中，你的感受有何不同？
2. 能否舉出類似的例子說明不同用詞帶來的不同溝通效果？

遊戲 54

快速問答題

遊戲目的：溝通技巧

遊戲人數：團隊參與，2 人一組

遊戲時間：15 分鐘

遊戲材料：無

遊戲場地：室內

遊戲步驟：

1. 將所有人分成 2 人一組。

2. 主持人介紹遊戲規則：每組的 2 個人連續進行快速問答，內容不限，但每次說的話都不能超過 5 個字，誰犯規誰就輸了，可以互相給對方出難題，例如，問對方的手機號碼是多少。

3. 開始進行分組遊戲，最後犯規者為大家表演節目。

遊戲討論：

單純的快速問答並不難，但難就難在不超過五個字的限制，所以要有很強的語言應變能力。要知道如何回答最精簡，精簡不了的該怎樣把問題拋回給對方，如何誘導對方多說。

遊戲結束後，可以做如下思考：

1. 在剛才的遊戲中，你的語言反應能力如何？

2. 你是如何化解對方拋出的難題的？

遊戲 55

更有意義的工作

遊戲目的： 責任感

遊戲人數： 團隊參與

遊戲時間： 5 分鐘

遊戲材料： 與人數相等的紙和筆

遊戲場地： 不限

遊戲步驟：

1. 向參與者提出下列問題：

假設你有更多時間可以做你認為你更有資格、更有經驗去做的事——你確信會對你的班級或者公司有益，但是目前還不能去做的事。你會去做什麼？

2. 要求參與者認真思考這一問題，然後在一張紙上寫出一件有益的事。

3. 給他們 1 分鐘時間思考，然後問第二個重要問題：

你做的某些事可能並沒有充分發揮你的才能，這些事不能被視為

「有益」的事，但它們似乎佔據了你的大部份時間與精力。這些事你非做不可，但坦率地說，你希望不要總是陷入這類事務中，最好是根本不用去應付這些事。這些事是什麼？

4. 再一次請參與者認真思考這個問題，並寫出答案。

5. 在隨後的 2 分鐘內，把參與者分成若干個兩人小組，讓他們交換對「有益」的工作的看法。

遊戲討論：

如果每個人都有一份責任心，關注團隊的問題並想辦法做些有益的事情，那麼這個團隊一定會越來越好，個人的能力也能得到更好地發揮。做完遊戲後，請總結下面的問題：

1. 你認為你可以做那些幫助班級或者公司改進管理的事？
2. 你有責任反映你的看法嗎？
3. 那些工作是你連想都不應該想的？
4. 你有沒有想當然地認為某項工作無益而甩手不做？

遊戲 56

束縛我們的因素

遊戲目的：

找到束縛我們的因素

遊戲人數：團隊參與

遊戲時間：10 分鐘

遊戲材料：紙和筆

遊戲場地：不限

遊戲步驟：

1. 向遊戲參與者傳達這樣一種理念：人們總是受到種種束縛，這些束縛給我們設置了障礙，我們應該深入思考這些束縛。

2. 利用一分鐘時間讓遊戲參與者想一下最近打算開始或停止的事情，然後利用一分鐘時間回想，是什麼因素阻礙了目標的達成，並列出一個清單：

⑴臆想中的約束。

⑵可以變通的約束。

⑶略有通融餘地的約束。

⑷實際存在的、無法通融的約束。

3. 向遊戲參與者指出，根據對一家公司員工的調查，他們認定的阻礙力量中，有 90%屬於可以變通的和臆想中的這兩類。

4. 鼓勵遊戲參與者與其他人溝通，分享他們的想法，一起分析束縛他們的因素，並鼓勵他們去改變，看看結果會怎樣。

遊戲討論：

很多事情因為有障礙存在而被擱置下來，其實真正的原因不是因為它們難以解決，而是做事情的人沒有堅持到最後，沒有發現那只老虎實際上是紙做的。如果你希望有所改變，不妨制訂一個行動計劃以克服障礙，你的工作和生活將會因此發生許多改變。

任何事情都不是絕對的，一旦我們下定決心去做，再大的困難都不能阻礙我們。所謂盡人事，聽天命，雖然不一定會成功，但只要做了，就一定會有收穫。

做完遊戲後，思考下面的問題：

1. 你是出於什麼原因而打算停止某件事情的？

2. 你認為那些約束是臆想出來的？

遊戲 57

控球的技巧

遊戲目的： 培養競爭意識

遊戲人數： 團隊參與

遊戲時間： 30 分鐘

遊戲材料：

· 1 個圓球(或其他類似的東西)

· 給每個隊員準備 1 條頭巾或 1 個臂章(兩組數目相同、顏色不同的頭巾或臂章)

· 1 個秒錶

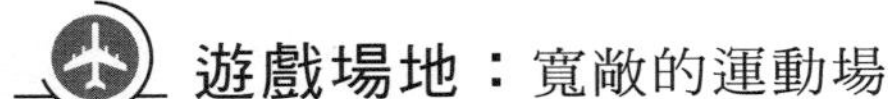

遊戲場地： 寬敞的運動場

遊戲步驟：

這個遊戲主要是用來活躍氣氛，訓練參與者的競爭意識的。

1. 把參與遊戲的人分成兩個人數相同的小組，如果總人數是奇數，則可以讓一個人做主持者的助手。

2. 給每組發一套頭巾或臂章。

3. 遊戲的主持者將一個圓球拋向空中，遊戲便開始了。告訴大家運動場的邊界，並告訴參與者，總的控球時間先達到 30 分鐘的小組為勝方。

第一個抓住圓球的參與者享有控球權，如果他被緊跟其後的對手抓到，就必須立即停止前進，3 秒鐘之內把球傳給自己的隊友。如果 3 秒鐘後他還未把球傳出去，裁判(也就是遊戲的主持者)就把球拿走，遊戲重新開始。如果兩組的對手同時都抓到了圓球，裁判需要重新向空中拋球，開始遊戲。當一個組的控球時間接近 30 分鐘時，裁判大聲倒數「5、4、3、2、1」，讓另一組明白他們需要快速跑動以控制球。如果參與者要求採用其他規則(可行的話)，主持者也可以適當調整。

遊戲討論：

在這個遊戲中圓球或類似的東西不能太硬，以免擊中人時造成傷害。遊戲結束後，建議討論如下問題：

1. 在遊戲過程中，各組是如何努力獲勝的？

2. 在遊戲過程中，各組中每個人的任務是什麼？誰是實幹家？誰想辦法、出主意？

遊戲 58

好情商不找藉口

遊戲目的：不給自己找藉口

遊戲人數：團隊參與

遊戲時間：10～15 分鐘

遊戲材料：每人一份失敗原因材料表（見附件）

遊戲場地：會議室

遊戲步驟：

1. 主持人對大家說：「相信大家都有這樣的體會，我們每個人都嚮往成功，但總是有各種各樣的原因限制了我們的發展，有的時候不是我們不努力，而是有些客觀條件確實不如別人。」

2. 主持人給每人發一份材料表，上面列有「限制自己成功的 10 條原因」，請大家仔細閱讀這 10 條原因，在符合自己情況的旁邊畫勾。

3. 大約 5 分鐘之後，請大家依次談談限制自己成功的原因有那些。

4. 請大家互相討論彼此的限制原因是否真的是不可克服的因素。

5. 主持人引導大家思考，我們心中的限制因素其實正是我們為自己找的藉口。

遊戲討論：

每個人在成功的路上都會遇到或大或小的困難，成功者之所以成功是因為他們克服了這些障礙，而普通人則被這些障礙絆住了手腳。遊戲結束後，可以做如下討論：

1. 在材料表上，你為自己找到了多少限制自己成功的因素？
2. 你怎樣理解「原因的背面是藉口」以及「沒有完不成的任務，只有找藉口的失敗者」這兩句話？
3. 你對自己的工作和生活有什麼新的認識？

◎附件——失敗原因材料表

1. 我長得不夠漂亮，從來沒有人注意我。
2. 我家庭條件不好，從小就上不起好學校。
3. 我大學的專業太冷門，找不到好工作。
4. 我還沒有遇到真正賞識我的貴人。
5. 我從小體弱多病，耽誤了很多事情。
6. 我丈夫/妻子不支持我的事業。
7. 我遇人不淑，受騙上當。
8. 關鍵時刻我的運氣總是不好。
9. 我對人很友善，但別人總是誤解我。
10. 我的生辰八字不好。

遊戲 59

一定要牛頭對馬嘴

遊戲目的：打破定式思維

遊戲人數：每組 2 人

遊戲時間：20 分鐘

遊戲材料：

· 觀眾調查表(見附件)

· 一本採用口語寫成的戲劇書(如一個劇本)

遊戲場地：不限

遊戲步驟：

1. 選擇兩名志願者：「我需要兩個人，他們在大學或高中曾經上過表演課。」等大家舉手。如果沒有人舉手，就說：「好吧，我需要兩個自己認為有表演天賦的人。」如果仍然沒有人舉手，就說：「那好吧，我需要兩個曾撒謊說再也不打電話的人。」當有人舉起手時，選出兩個人，並且說：「你們是天生的演員，來吧，請到台上來！」

2. 請遊戲參與者描述一種發生在兩個人之間的典型的商業情

節。例如，一名客戶服務部代表在為一名客戶提供服務；同一項工程的兩個同事；一名銷售人員向一名客戶介紹產品……

3. 看看你的兩名演員誰帶的書寫用具(鋼筆、鉛筆、亮光筆或其他)較多，多的人就為 A，另一個人為 B。把戲劇書交給 B，翻到有較多簡短對話的一頁。最好在遊戲開始前就給這一頁做好記號。

4. 從一本書中選出三四句，以此為例，和 B 一起演示一下遊戲過程。例如，你們可以這樣開始：「非常感謝您給 XYZ 公司打電話，有什麼我能幫忙的嗎？」

現在，你的搭檔翻到一頁並且讀道：「哦，你好，已經是 9 點鐘了嗎？當你思考時，時間不知不覺地就流走了。」

這句話好像非常合理，正如一名客戶服務部的代表與一名客戶之間的談話內容一樣，你回答說：「好吧，無論您在想什麼，我都確信我能夠幫助您。順便問一句，您是……

要注意：不要把這看得太嚴肅，你並不需要絕頂聰明——你只需以各種方式把你的搭檔剛剛讀的內容聯繫起來，正是這種聯繫能引起笑聲。

接著，你的搭檔從書中讀出對話的下一句：「我本來以為你會在路的盡頭等著我，我打賭你忘了我會來。」你可以回答：「哦，您在外面嗎？您一定是用我們公司的手機打的電話，它還好用吧？」

B 接著讀：「不，說實話，我沒忘，但是剛才我在思考生活。」你可以回答：「是的，手機確實使我們的生活更加方便了。」或是其他的回答。

5. 現在，讓兩個演員放鬆一下，開始他們的即興表演。A 不斷將自己的話和 B 事先準備好的話聯繫起來，而不是根據常理往下說。A 要做的就是順著 B 從戲劇劇本中選出的句子往下發揮想像。提醒他們，如果他們在表演的過程中遇到困難，可以向觀眾尋求幫助。

6. 3～5 分鐘之後，叫停，請他們坐回他們的座位上去。

遊戲討論：

創造力較強的人，思維也十分靈活。他們樂於考察和琢磨，常有奇妙的想法(那怕是稍縱即逝的思緒)。如果一個想法看起來沒有意義，他們會立即放棄它。同時，他們相信還會有更多的想法。他們的秘密就是，樂於接受各種可能性，適應週圍不斷變化的環境。

做完這個遊戲，主持者提出以下問題：

1. 請大家回答《觀眾調查表》上的問題。

2. 問 A：不斷調整思路，以適應 B 的無根據的推理，感覺怎麼樣？

3. 如果我們堅持可預見性，我們會得到許多新想法嗎？

4. 放棄可預見性，我們怎樣才能做得更好呢？

5. 問 A：什麼技巧能幫助你放棄你的預見，並任其順暢地發展呢？你發現什麼時候最不容易靈活處理？你認為為什麼會這樣？

6. 問 B：當 A 把你的話組織成一個有意義的情節時，你有什麼感想？

◎附件——觀眾調查表

1. B 選擇的那句話最容易接著往下說？

2. 那一句最難？你們為什麼這樣認為？

3. 隨著遊戲的進行，A 看起來是不是越來越適應這個任務了？

4. 根據你的觀點，A 的那一次回答是最為成功(有趣味、有創新性、有幽默感等)的？為什麼？

遊戲 60

接力棒遊戲

遊戲目的：獲取信息、傳達信息

遊戲人數：5 人一組

遊戲時間：15～20 分鐘

遊戲材料：一篇 300 字左右的文章

遊戲場地：培訓教室

遊戲步驟：

1. 從書籍或雜誌上找一篇 300 百字左右的文章，要確保是大家都沒有聽過的。

2. 請每組的 1 號留在房間裏，其餘人先出去，把文章念給 1 號聽，但不許做記錄。

3. 請 2 號進來，讓 1 號把自己聽到的內容講給 2 號聽，接下來，請 3 號進來，讓 2 號講給 3 號聽，以此類推，直到 5 號聽完文章內容。

4. 請 5 號講述他聽到的內容。

遊戲討論：

每個人在覆述文章內容時都會或多或少地加入自己的理解，每個人在聆聽的過程中同樣會遺漏一些信息，因此最後5號講述的內容可能與原文有較大的區別。

遊戲結束後，可以討論以下問題：

1. 統計一下大家遺漏最多的信息是什麼，是人名、時間、地點還是其他？

2. 文章內容在傳遞的過程中，是否出現了較為嚴重的錯誤和改動？

遊戲 61

松鼠找大樹

遊戲目的： 迅速反應

遊戲人數： 團隊參與

遊戲時間： 15分鐘

遊戲材料： 節奏歡快的音樂

遊戲場地：室外或者寬敞的室內

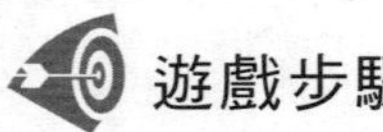

遊戲步驟：

1. 主持人將參與者分成 3 人一組，其中兩人扮演大樹，雙手圍成一個圈，一人扮演松鼠，站在圈內。

2. 主持人喊口令，如果主持人喊「松鼠」，那麼大樹原地不動，所有的松鼠必須離開原來的大樹，找到新的大樹，站到圈裏；如果主持人喊「大樹」，那麼松鼠原地不動，而所有的大樹必須離開原來的搭檔和松鼠，重新組合成新的大樹；如果主持人喊「地震啦」，那麼所有的大樹和松鼠都必須全部散開，重新組合。

3. 最後請落單的人為大家表演節目。

遊戲討論：

很多人在做這個遊戲的時候常常反應不過來，該動的時候沒動，不該動的時候到處跑，引發了許多笑聲，迅速找到新的夥伴也不是件容易的事，需要手疾眼快。主持人喊口令時可以用一些小技巧，以增強遊戲效果。

遊戲 62

完成推銷任務

遊戲目的：打破傳統

遊戲人數：4 人一組

遊戲時間：30 分鐘

遊戲材料：卡片

遊戲場地：室內

遊戲步驟：

1. 把遊戲參與者分組，每組 4 人，然後給每組發一個任務卡。每張卡上寫著一件商品的名字以及它應賣給的特定人群。值得注意的是，這些人群看起來並不需要這些商品，甚至是完全拒絕這些商品。例如向生活在熱帶的人銷售羽絨服，向生活在四季寒冷地區的人銷售冰箱等。總之，每個小組面臨的挑戰是，銷售不可能賣出的商品。

2. 每個小組應根據任務卡的要求準備一條 30 秒的廣告語，用來向特定人群推銷商品。該廣告語應注意以下三點：

⑴該商品如何改善特定人群的生活。

⑵這些特定人群應怎樣創造性地使用這些商品。

⑶該商品與特定人群現有的特定目的和價值標準之間是如何匹配的。

3. 給每組 20 分鐘的時間，按照上述三點要求寫出一個 30 秒鐘的廣告語，要注意趣味性和創造性。

4. 其他人則扮演特定人群，認真傾聽該小組的廣告詞，根據廣告能否打動他們，是否激起了他們的購買慾望，是否能滿足某個特定需求來作出判斷。最後透過舉手表決的方式，統計出有多少人會被說服而購買這個產品；有多少人覺得這些推銷員很可笑，簡直是白費力氣。

5. 選出優勝的一組，給予獎勵。

遊戲討論：

在遊戲結束後，參與者需要思考以下幾個問題：

1. 在你們組推銷商品時，你們是怎麼分析特定人群和此商品的關係的？你們是否考慮過他們的習慣、需要、想法和價值標準？

2. 為了與你們組的客戶甚至是反對你的人溝通，你們組需要作出那些讓步和犧牲？

3. 善解人意在我們的生活和工作中起著怎樣的作用？做到這點是否給我們帶來了好處？

遊戲 63

在蘋果內的星星

遊戲目的：換個角度思考

遊戲人數：團隊參與

遊戲時間：10 分鐘

遊戲材料：蘋果若干、水果刀一把

遊戲場地：室內

遊戲步驟：

1. 主持人舉起一個蘋果，問大家：「有沒有人沒吃過蘋果？」這時大家會笑，相信所有人都吃過蘋果。

2. 主持人繼續問大家：「既然大家都吃過蘋果，那麼有沒有人見過蘋果裏的星星？」這時大家可能會感到奇怪，紛紛搖頭。

3. 隨後請一位志願者按照他慣用的方式切開一個蘋果，將切面展示給大家，這時大家仍然看不到星星。

4. 主持人繼續說：「橫看成嶺側成峰，遠近高低各不同。很多時候我們得不到想要的答案只是因為我們用錯了看問題的方式。」

5. 接著主持人用水果刀將蘋果攔腰切開，將切面的五角星展示給大家。

6. 主持人將剩餘的蘋果發給大家，看看還有沒有其他的發現。

遊戲討論：

許多人覺得生活平淡乏味，其實這是因為我們自己禁錮了自己的世界。突破慣性，嘗試用新方法做事情、新眼光看事情，就會有很多令人驚奇的發現，這個遊戲透過尋找蘋果裏的星星來啟發人們尋找事物的另一面，勇於嘗試新事物。

作完遊戲後，可做如下討論：

1. 做遊戲之前，我們為什麼都不曾見過蘋果裏的星星？
2. 蘋果裏的星星代表什麼？我們如何才能找到更多的星星？
3. 你有沒有過類似的驚喜發現？你是如何發現的？

遊戲 64

改變結局

遊戲目的：拓展思維

遊戲人數：團隊參與，每組 5 人

遊戲時間：15 分鐘

遊戲材料：未完成的故事若干(見附件)

遊戲場地：室內

遊戲步驟：

1. 將參與者分成若干組，每組 5 人。

2. 主持人給每組發一個沒有結尾的故事，給大家 10 分鐘時間，設計一個出人意料的結尾。

3. 每組成員在 10 分鐘內進行腦力激盪，最後選出一個結尾分享給大家，評選出最出人意料的結尾。

4. 最後，主持人和大家分享故事原本的結尾。

遊戲討論：

為了保證遊戲效果，主持人準備的故事最好是大多數人都沒聽過的、比較新穎的，以免跳不出原來的結局思路。遊戲之前，大家還可以分享一些腦筋急轉彎，營造一個輕鬆、有趣的氣氛。遊戲結束後，可作如下討論：

1. 你設計的結尾和故事原本的結尾最大的區別在那裏？你認為那個更有趣？

2. 你有沒有找到製造驚喜的訣竅？

3. 別人設計的結尾中有沒有你特別喜歡的，你從中得到什麼啟發？

◎附件——未完成的故事

1. 一個精神病患者救了一個落水者。醫生非常高興地對這個精神病患者說：「這次你救了一個落水的人，表現很好，不幸的是他又上吊自殺了。」

精神病患者得意地說……

2. 有一隻企鵝，它的家離北極熊的家特別遠，走路去，得 20 年才能到。有一天，企鵝在家裏待著特別無聊，準備去找北極熊玩，於是它出門了，可是走到一半的時候發現自己忘記鎖門了，這時它已經走了 10 年，可門還得鎖啊，於是企鵝又走回家去鎖門。鎖了門以後，企鵝再次出發去找北極熊，等於它花了 40 年才到北極熊家……

3. 有一天，有一個懺悔者來到教堂，他對神父說：「神父，我錯了。」

神父說：「只要你認錯，天主一定會原諒你的。」

懺悔者說：「我偷了一個人的腳踏車，而我現在要把它交給你。」

神父說：「不！不要給我，把它還給物主。」

懺悔者說：「我已經問過他了，可是他不要。」

神父說：「那你就收下它吧！」

故事的結局怎樣，請設計結尾。

故事原來的結尾：

1. 精神病患者得意地說：「是我把他掛起來晾乾的。」

2. 企鵝敲門說：「北極熊，我找你玩來了！」結果北極熊開門後說：「還是去你家玩吧！」

3. 神父下班後，發現他停在後院的腳踏車不見了！

遊戲 65

火柴小問題

遊戲目的：拓展思維

遊戲人數：團隊參與

遊戲時間：5 分鐘

遊戲材料：火柴、答案卡(見附件)

遊戲場地：室內

遊戲步驟：

1. 給每個參與者發 8 根火柴，要求他們在最短的時間內用這 8 根火柴拼出一個菱形，要求菱形的每條邊只能由一根火柴構成。拼出的人舉手示意主持者。

2. 主持者在旁觀察每個人的方法是否相同，最後選出最快且合乎要求的參與者，給予一定獎勵。

遊戲討論：

這個遊戲可以拓展參與者的思路，幫助他們改進工作方法，還可以起到活躍氣氛和激發參與者興趣的目的。

1. 請那些做出來的參與者講講他們的思路是怎樣的？

2. 那些沒做出來的參與者，分析失敗的原因是什麼？

◎附件——答案卡

答案其實很簡單，用 8 根火柴拼成一個菱形的方法就是分別用它們拼成「一個◇」，數一數它們的筆劃，正好是橫平豎直的八畫，而這八畫正好可以由那 8 根火柴代替。

主持者應該統計出做對的人的數量，一般來說，能做出來的人不多。至於原因，大概都是沒有想到「一個」也可以表示出來，這樣自然就不知道剩下的 4 根火柴放那裏了。而那些做出來的人，有兩種可能：一種人平時就表現得很靈活，一件事情可以從好幾個角度分析，一個問題可以用好幾種方法解決；另一種人就是所謂的「直心眼」的人，這種人對別人的話很信任，很少加進自己的想法，別人說一就是一，所以他們聽了主持者的話就不會多想，簡簡單單地就把題做出來了。

對於其他的人，如果頭腦靈活一點是可以做出來的。他們應該這樣想，菱形只有四個邊，又不許每邊使兩根火柴，那麼一定是還有別的什麼地方需要火柴。這時只要稍微再把題想一遍，就會發現關鍵所在了。

遊戲 66

解決問題的全民風暴

遊戲目的： 發散思維

遊戲人數： 團隊參與

遊戲時間： 30 分鐘

遊戲材料： 筆、便箋紙

遊戲場地： 室內

遊戲步驟：

寶潔公司的一位員工約翰· 哈菲勒設計了該遊戲，並把它命名為「全民風暴」。在這個遊戲中，參與者要盡可能多地提出創意，也可以在特定人士的引領下激發創意。

1. 從參與遊戲的人中選擇部份人員組成一個小組(注意，盡可能讓他們來自與當前問題相關的不同領域、不同部門和不同崗位)，向每個參與者分發記錄著「問題描述」和「遊戲手冊」內容的說明書。

2. 讓所有參與者每天在便箋上寫下一個創意。

3. 月底，讓他們總結歸納自己認為是最好的一個創意。

4. 將所有便箋收集起來，匯總、分類，寫一個簡單的摘要。

5. 向每個參與者分發一份摘要，邀請他們在面對面的會談中討論他們提出的各種創意。

遊戲討論：

該遊戲顯然是在電子郵件風靡之前設計出來的。那時候人們還不懂得電子郵件這種溝通和交流方式，因此，無論是創意的提出還是匯總，都必須透過人工來進行。這充分顯示出全球範圍內腦力激盪的威力。

做完這個遊戲，建議討論如下問題：

1. 該遊戲最有價值的一面是什麼？

2. 該遊戲最困難的部份是什麼？

3. 是不是可以把它用在我們的工作中？如何應用？

4. 該遊戲對於解決當前問題能起多大作用？如果讓你評分，你會給幾分？

5. 該遊戲對於我們以後的各種活動是否有益？

6. 我們學到了什麼？

7. 我們提出了那些創意？最吸引人的創意是什麼？

遊戲 67

自製胸牌卡片

遊戲目的：創意設計

遊戲人數：10 個人

遊戲時間：30 分鐘

遊戲材料：10 張卡片、彩色馬克筆若干

遊戲場地：室內

遊戲步驟：

1. 主持人給每人發一張用於製作胸牌的卡片。
2. 每個人在卡片上用馬克筆為自己設計胸牌，要求形式獨特新穎。
3. 每個人展示自己的胸牌，並作自我介紹，力求活潑有趣、印象深刻。
4. 收起胸牌，主持人開始提問，名字被最多人記住的人獲勝，頒發獎品。

遊戲討論：

富有創意的自我介紹能夠讓陌生人更容易記住你，發揮想像力，闡述你名字的含義，或者利用諧音、圖像，等等。遊戲結束後，大家可以共同討論每個人的名字，互相設計有趣的自我介紹方式。

遊戲 68

快速傳球

遊戲目的：新思路

遊戲人數：團隊參與，5 人一組

遊戲時間：15 分鐘

遊戲材料：若干個籃球

遊戲場地：空地

遊戲步驟：

1. 主持人給每組發一個籃球，要求每組隊員傳遞籃球，每個人都必須觸碰到籃球。

2. 如果在傳遞過程中球落地，時間增加 10 秒。
3. 主持人可以提示隊員嘗試新的傳球方式，以便節省時間。
4. 在最短的時間內傳遞完畢的組獲勝。

遊戲討論：

傳球看似很簡單，但是要想提高速度就必須打開思路，尋找新的方法——大多數人在一開始都會想到 5 個人圍成一個圈，依次傳遞籃球，這只是最普通的辦法，也是比較慢的辦法。更快的辦法例如 5 個人靠近，手臂環抱，上下圍成一個圓筒，讓籃球從圓筒中下落。

遊戲 69

不走尋常路

遊戲目的：激發創造力

遊戲人數：團隊參與

遊戲時間：15 分鐘

遊戲材料：無

遊戲場地：室外或寬敞的室內

遊戲步驟：

1. 所有人在房間的一側站成一排，任務是從房間這頭到達房間的另一頭，唯一的要求是，每個人的走法都必須不同。例如第一個人是走著過去的，第二個人就得跳著過去，再如第二個人是雙腳跳過去的，第三個人就得單腳跳過去。

2. 如果遊戲人數較少，可以等所有人都通過之後，再按照相同的規則返回。

3. 遊戲過程中大家互相監督，如果有人重覆了別人的動作，讓他為大家表演節目。

4. 大家圍坐在一起，分享感受。

遊戲討論：

看似簡單的一件事情，可以透過許許多多不同的途徑來完成，遊戲的趣味正在於此，遊戲結束後可作如下思考：

1. 在生活和工作中，你是否嘗試過採用和別人不同的辦法來完成一件事情？

2. 當大家都想不出新方法時，是否有人想到兩兩組合，產生新的方式

3. 如果讓你通過無限多次，你認為可能嗎？你有沒有從遊戲中找到創新的訣竅？

遊戲 70

高空飛蛋

遊戲目的：戰勝不可能的任務

遊戲人數：將參與者分成若干個小組，3 人一組

遊戲時間：30 分鐘

遊戲材料：

每組雞蛋 1 隻、小氣球 1 隻、塑膠袋 1 隻、竹簽 4 隻、塑膠匙 2 隻、刀叉 2 隻、橡皮筋 6 條

遊戲場地：樓房及樓下空地

遊戲步驟：

1. 將遊戲材料發給每組，同時給每組 30 分鐘的準備時間，然後到指定三樓把雞蛋扔下來。各小組必須用所給的材料來設計保護傘，以免雞蛋破裂。

2. 30 分鐘之後，每組指定一位成員在三樓放雞蛋，其他成員可以到樓空地觀看，並檢查落下的雞蛋是否完好無損。

3. 雞蛋完好的小組是優勝組。如果有好幾個小組的雞蛋都未摔

破，則可以進行復賽和決賽，勝出者可以獲得一些小禮品。

遊戲討論：

遊戲結束後，討論下面的問題：

1. 最初接到任務時是否感到很困難？
2. 你們小組的創意是怎麼得來的？
3. 在小組合作過程中大家的協調程度如何？

心得欄

測試一

你是情緒型、理智型還是意志型

生活中的你遇事或作決定是根據情緒而定，或是深思熟慮、小心謹慎，還是意志堅定、不折不撓呢？想要探知自己內心的秘密，就請開始下面的測試之旅吧！

1. 5 歲的孩子哭著跑來，你一看孩子滿臉是血，你怎麼辦？

A. 很快找到傷口消毒止血，然後決定下一步行動。

B. 和孩子一起哭起來。

C. 很快鎮定下來，並儘快選擇了最佳急救方案。

2. 在熱戀中向對方求愛的語言多種多樣，下面是其中三種，你比較喜歡那種呢？

A. 請相信我吧，只有我能給你幸福。

B. 你是掛在我心尖上的一顆明星，沒有你，我的全部生命將暗淡無光。

C. 此時，我的心預感到你已踏上了我們共同建造的愛情之舟，如果是這樣，那我們就奮臂搖櫓吧。

3. 假若有位「神仙」能改變你身體某個部位的功能，以下三種你可能首先會選那種？

A. 力量。　B. 漂亮。　C. 聰明。

4. 一位漂亮女孩摟著男孩子的腰，乘摩托車在人流空隙中風馳電掣而過，週圍的人有以下三種議論，你同意其中那種？

A.哼！不就是「追風」嘛。　B.真棒！我也會這樣。

C.真威風，只是有點危險。

5.如果讓你從《紅樓夢》中選擇一位朋友，以下三位中你首先會選那一位呢？

A.史湘雲　B.林黛玉　C.薛寶釵

6.你馬上要去會你久別的朋友，可是你剛出門就被一個騎自行車的冒失鬼撞了一下，那麼你是否還要去會朋友呢？

A.就當沒這回事兒，照樣有說有笑。　B.取消了會朋友的計劃。

C.你照樣去會朋友，去後告訴朋友被撞的經過，希望他(她)不計較自己的情緒。

7.以下的名人你最敬佩的是那一位？

A.指揮千軍萬馬的將軍。　B.表演藝術家。　C.科學家。

8.你去市場，很多小商販衝你高聲叫賣，這時你買那個小商販的東西呢？

A.他喊他的，我樂意在那兒買就在那兒買。

B.到衝你叫賣最動聽的小販處去買。

C.你逐一觀看，作出比較以後，再決定買誰的。

9.你可能有時想調動工作，換一個單位去上班，假如促成你作出這個決定有以下三種理由，那麼你首先考慮其中那個呢？

A.上下班不方便。　B.心情不舒暢。　C.不能發揮自己的專長。

10.你穿戴整齊到外地去出差，下火車後還要轉乘汽車趕路。你剛出車站就被幾個衣衫襤褸的孩子圍著乞討，你怎麼辦？

A.你推開他們，「去去去」，然後匆匆趕搭汽車。

B.怪可憐的，拿幾個硬幣施捨。

C.你在想這些孩子是真的沒法生活嗎？是否在騙人？

11.給親友寫信是溝通感情、交流信息的好方式，那麼你的信寫好以後按下面那種樣式折起來呢？

A.沒考慮什麼樣式，隨便折起來就行。

B.左思右想，儘量別出心裁折出個花樣來。

C.根據收信人的年齡、地位、性別等情況，折得整整齊齊。

12.你穿了一件最滿意的新衣服上班，你的同事看到後誇你「真漂亮」。此時你會怎樣？

A.「你真有眼力，說得不錯。」

B.臉紅耳熱，顯得有點兒不好意思。

C.「怎麼，你想讓我請客嗎？」

◎計分標準：

請將以上各題中你所選的答案找出來：

如果你選的多數是 A，而 B、C 較少又比較接近，則為 A 型；

如果你選的多數是 B，而 A、C 較少又比較接近，則為 B 型；

如果你選的多數是 C，而 A、B 較少又比較接近，則為 C 型；

如果你選的 A、B 多又較接近，而 C 選得少，則為 AB 混合型，以此類推。

◎測試分析：

A 型：意志型。你目標明確，積極性高，責任心強，一旦下定決心就會一直幹下去，不喜歡拖泥帶水；辦事光明磊落，態度鮮明，深得人心。

B 型：情緒型。你熱情似火，朝氣蓬勃，對朋友心情的變化體驗深刻，理解準確，又善於表達自己的感情。

C 型：理智型。你聰穎穩重，處事的公式是智慧+生活。你善於用理智支配一切，在作出任何決定之前都要深思熟慮，不會作出沒有把握的決定。

測試二

情緒穩定性測試

下面是一個情緒穩定性測驗，請仔細閱讀題目，根據自己的實際情況作答。

1. 看到自己最近一次拍攝的照片，你有何想法？

A. 覺得不稱心　B. 覺得很好　C. 覺得可以

2. 你是否想到若干年後會有什麼使自己極為不安的事？

A. 經常想到　B. 從來沒有想過　C. 偶爾想到過

3. 你是否被朋友、同事或同學起過綽號，挖苦過？

A. 這是常有的事　B. 從來沒有　C. 偶爾有過

4. 你出門之後，是否經常返回來，看看門是否鎖好，是否帶鑰匙等？

A. 經常如此　B. 從不如此　C. 偶爾如此

5. 你對與你關係最密切的人是否滿意？

A. 不滿意　B. 非常滿意　C. 基本滿意

6. 半夜的時候，你是否經常覺得有什麼值得害怕的事？

A. 經常　B. 從來沒有　C. 極少有這種情況

7. 你是否經常因夢見什麼可怕的事而驚醒？

A. 經常　　B. 沒有　　C. 極少

8. 你是否經常做同一個夢？

A. 有　　B. 沒有　　C. 記不清

9. 有沒有一種食物使你吃後嘔吐？

A. 有　　B. 沒有　　C. 記不清

10. 除去看見的世界外，你心裏有沒有另外的世界？

A. 有　　B. 沒有　　C. 說不清

◎計分標準：

選 A 得 2 分，選 B 得 0 分，選 C 得 1 分。請將你的得分統計一下，算出總分。

◎測試分析：

0～9 分：表明你情緒穩定、自信心強，具有較強的美感、道德感和理智感。你有一定的社會活動能力，能理解週圍人們的心情，能顧全大局。你是個爽朗、受人歡迎的人。

10～17 分：說明你情緒基本穩定，但較為深沉，對事情的考慮過於冷靜，處事淡漠消極，不善於發揮自己的個性。你的自信心受到壓抑，辦事熱情忽高忽低。

18 分以上：說明你情緒極不穩定，日常煩惱太多，使自己的心情處於緊張和矛盾之中。

測試三

你將來是否會幸福

我們常常問自己的幸福在那裏，卻苦於沒有答案。請完成以下測試，對每題作出「是」或「否」的回答就能知道你的幸福會不會與你擦身而過。

1. 世界上其實沒有真正的壞人。
2. 即使有不愉快的事，睡醒之後就忘記了。
3. 人和事幾乎沒有不能解決的問題。
4. 有很多特別的興趣。
5. 回首過去，幾乎沒有不好的回憶。
6. 不會無緣由地感到沮喪。
7. 總覺得每天會有好事發生。
8. 對自己的未來沒有感到不安。
9. 確信自己的直覺在緊要關頭十分準確。
10. 從自己的整體來看，覺得還有待加強。

◎計分標準：

回答是或不是，「是」得 1 分，「否」為 0 分。

◎測試分析：

0～4 分：幸福與你的緣分尚淺。由於你保守的性格，思維偏向負面的方向，因此，你常常與幸福擦肩而過。假如不改正思維方式，會導致惡性循環，對你的生活產生負面影響。

5～7 分：你的心情需要再放鬆一些，只要對自己有信心，再加上一點努力，幸福就離你越來越近。

8～10 分：最接近幸福的那種類型。由於積極樂觀的精神，你有審視自己、肯定自己的積極傾向。因此，把握現在，就接近了幸福之神。

測試四

你的寬容度有多少

寬容是一種美德，寬容的人具有好情緒，而且這種情緒還可以傳染給身邊的人。對待朋友，你是否寬容？對待親人，你是否寬容？對待同事，你是否寬容。來測一下吧！

1. 你是否一想起很久以前朋友對你的傷害就感到氣憤不已？

A. 經常　　B. 有時　　C. 很少

2. 你是不是喜歡貶低和嘲笑與你意見不一致的人？

A. 經常　　B. 有時　　C. 很少

3. 你是不是很在乎別人是支持你還是反對你？

A. 不是　　B. 有時是　　C. 很在乎

4. 晚上睡覺的時候，你是不是總能回想起白天和其他人發生爭執的情景？

A. 經常　　B. 有時　　C. 很少

5. 小夥伴或者同學是不是經常指責你過於敏感？

A. 經常　　B. 有時　　C. 很少

6. 對於傷害過你的人，你是不是總希望可以進行報復？

A. 經常　　B. 有時　　C. 很少

7. 對你態度非常惡劣的人，你總是能夠原諒嗎？

A. 絕不　　B. 有時　　C. 經常

8. 你是不是經常感到自己的付出沒有得到回報？

A. 經常　　B. 有時　　C. 很少

◎計分標準：

如果你的答案為 A 得 3 分；答案為 B 得 2 分；答案為 C 得 1 分。

◎測試分析：

8～12 分：說明你是一個寬宏大量的人，你很少會因為在感情上受到傷害而煩惱。正是由於你寬宏大量的性格，所以你才擁有了很多朋友，也有很多的人都希望能夠和你友好相處。

13～17 分：說明你很一般，既不是寬宏大量的人，也不是容易記仇者，在你發現自己有不良情緒產生時，你通常可以在它發生之前就克服它，使自己能夠保持良好的心態。

18～24 分：說明你很可能是一個容易記仇的人，因此你也經常處於煩惱之中。須知你對其他人的態度是你煩惱的根源，要想重獲快樂，你必須首先學會原諒別人，否則，你的身心健康將會受到損害。

測試五

你的心胸開闊嗎

心胸開闊的人，不會因為一件小事而斤斤計較、大發雷霆，所以，他們是快樂的、幸福的人。生活中的你是個心胸開闊的人嗎？

用「是」「不知道，有可能」或「否」來回答下面的問題。

1. 你作決定時是否會經常受當時的情緒影響？
2. 與人爭論時，你是否情緒失控，導致說話嗓門太大或太小？
3. 你是否經常不願跟人說話？
4. 你是否時常因某些人或事而心情不悅？
5. 你是否受過自卑心理的折磨？
6. 是不是連可口的飯菜或搞笑的影片都無法使你低落的情緒好起來？
7. 你是否會長時間地分析自己的心理感受和行為？
8. 假如地鐵裏有人盯著你，或袖子沾上湯汁，你是否因此長時間感到懊惱？
9. 假如與你談話的那個人怎麼也弄不明白你的意思，你會不會發火？
10. 你是否對所受的委屈一直耿耿於懷？

◎計分標準：

對以上問題作出判斷，如果你回答「是」，得 0 分；回答「不知道，有可能」，得 1 分；回答「不是」，得 2 分，最後計算出你的得分。

◎測試分析：

0～7 分：你心胸狹窄、多疑、計較、睚眥必報，對別人態度的反應是病態的。這是嚴重的缺點，對你的生活不利，你需要儘快進行自我調節。

8～14 分：你心胸不夠開闊。你可能比較容易發火。你要學會控制自己，事先儘量多想想，考慮清楚，然後再對讓你受委屈的人以堅決的回擊。

15～20 分：你是個心胸開闊的人。你的心理狀態相當穩定，能夠駕馭生活中的各種情況。

測試六

做個幸福的人

幸福是一種超脫的美好感覺，滿足、快樂、健康等都是幸福，那麼，你是個幸福的小女人嗎？根據你的實際情況，用「是」「否」或「不確定」來判斷下列說法。

*1. 當我年齡增長時，我發現事情似乎要比原先想像的好。

*2. 與認識的多數人相比，我更好地把握了生活中的機遇。

3. 現在是我一生中最沉悶的時期。

4. 回顧以往，我有許多想得到的東西均未得到。

5. 我的生活原本應該有更好的時光。

*6. 即使能改變我的過去，我也不願有所改變。

7. 我所做的事多半是令人厭煩和單調乏味的。

*8. 我估計最近能遇到一些有趣而令人愉快的事。

*9. 我現在做的事和以前一樣有意思。

10. 我感到自己老了，有些累了。

*11. 回首往事，我相當滿足。

12. 與同齡人相比，我曾作出過更多的愚蠢決定。

*13. 現在是我一生中最美好的時光。

*14. 我感到自己確實老了，但我不為此感到煩惱。

*15. 與同齡人相比，我的外表更年輕。

*16. 我已經為一個月甚至一年後該做的事制訂了計劃。

17. 與其他人相比，我慘遭失敗的次數太多了。

*18. 我在生活中得到了相當多我所期望的東西。

19. 不管人們怎麼說，許多普通人是越過越糟，而不是越過越好。

*20. 我現在和年少時一樣幸福。

◎計分標準：

帶*號的題，答「是」得 2 分，「不確定」得 1 分，「否」得 0 分；

不帶*號的題，答「是」得 0 分，「不確定」得 1 分，「否」得 2 分。將各題得分累加，算出自己的總得分。

◎測試分析：

0～7 分：你的生活滿意度極差，在生活中你無法獲得幸福感。你很有必要找個思想成熟的人或心理專家為自己把把脈，重新設計一下自己的生活藍圖，調整一下自己的生活方式。

8～15 分：你的生活幸福感較差，日子過得不怎麼樣，這讓你容易沮喪，情緒低落。你不妨檢討一下自己的觀念，看看是不是目標太高，過分追求完美。

16～34 分：你的生活狀態一般，有喜有憂的日子使你和多數人一樣。

35～40 分：你有相當高的生活滿意度指數。你不一定是富人或有地位的人，但你的心態很好。

測試七

別人眼中的你是什麼樣的

這個測試是菲爾博士在著名女黑人歐普拉的節目裏做的，你是否認識心中的自己呢？來測試一下吧！

1. 你何時感覺最好？

A. 早晨　　B. 下午及傍晚　　C. 夜晚

2. 你走路時是：

A. 大步快走　B. 小步快走　C. 不快，仰著頭面對著世界

D. 不快，低著頭　E. 很慢

3. 和人說話時，你：

A. 手臂交疊站著　　B. 雙手緊握著

C. 一隻手或兩手放在臀部

D. 碰著或推著與你說話的人

E. 玩著你的耳朵、摸著你的下巴，或用手整理頭髮

4. 坐著休息時，你的：

A. 兩膝蓋併攏　　B. 兩腿交叉

C. 兩腿伸直　　D. 一腿蜷在身下

5. 碰到你感到發笑的事時，你的反應是：

A. 一個欣賞的大笑　　B. 笑著，但不大聲

C. 輕聲地咯咯地笑　　D. 羞怯地微笑

6. 當你去一個聚會或社交場合時，你：

A. 很大聲地入場以引起注意

B. 安靜地入場，找你認識的人

C. 非常安靜地入場，儘量保持不被注意

7. 當你非常專心工作時，有人打斷你，你會：

A. 歡迎他　　B. 感到非常惱怒　　C. 在上兩極端之間

8. 下列顏色中，你最喜歡那一顏色？

A. 紅或橘色　　B. 黑色　　C. 黃或淺藍色　　D. 綠色

E. 深藍或紫色　　F. 白色　　G. 棕或灰色

9. 臨入睡的前幾分鐘，你在床上的姿勢是：

A. 仰躺，伸直　　B. 俯躺，伸直　　C. 側躺，微蜷

D. 頭睡在一手臂上　　E. 被蓋過頭

10. 你經常夢到你在：

A. 落下　　B. 打架或掙扎　　C. 找東西或人　　D. 飛或飄浮

E. 你平常不做夢　　F. 你的夢都是愉快的

◎計分標準：

現在將所有分數相加，再對照後面的分析。

題號	A	B	C	D	E	F	G
1	2	4	6				
2	6	4	7	2	1		
3	4	2	5	7	6		
4	4	6	2	1			
5	6	4	3	5			
6	6	4	2				
7	6	4	2				
8	6	7	5	4	3	2	1
9	7	6	4	2	1		
10	4	2	3	5	6	1	

◎測試分析：

16～21 分：內向的悲觀者。人們認為你是一個害羞的、神經質的、優柔寡斷的人。

22～30 分：缺乏信心的挑剔者。你的朋友認為你勤勉刻苦、很挑剔。

31～40 分：以牙還牙的自我保護者。別人認為你是一個明智、謹慎、注重實效的人，也認為你是一個伶俐、有天賦有才幹且謙虛的人。

41～50 分：平衡的中庸之道。別人認為你是一個新鮮、有活力、有魅力、好玩、講究實際而永遠有趣的人；經常是群眾注意力的焦點，但你是一個足夠平衡的人，不至於因此而昏了頭。他們也認為你親切、和藹、體貼、能諒解人；一個永遠會使人高興起來並會幫助別人的人。

51～60 分：吸引人的冒險家。別人認為你令人興奮、高度活潑、相當易衝動；你是一個天生的領袖、一個作決定會很快的人，雖然你的決定不總是對的。他們認為你是大膽的和冒險的，願意嘗試做任何事至少一次；是一個願意嘗試機會而欣賞冒險的人。因為你散發的刺激，他們喜歡跟你在一起。

61～64 分：傲慢的孤獨者。別人認為對你必須小心處理。在別人的眼中，你是自負的、自我中心的，是個極端有支配慾、統治慾的人。別人可能欽佩你，希望能多像你一點，但不會永遠相信你，會對與你更深入的來往有所躊躇及猶豫。你的內心世界本來就是層層嵌套，週而復始；不以任何的意志而改變。

測試八

樂觀才能影響別人

你是個樂觀主義者還是個悲觀主義者？你是透過明亮的鏡子還是透過灰暗的鏡子來看待人生？做完這個測試，答案就明白了。

1. 如果半夜裏聽到有人敲門，你會認為那是壞消息，或是有麻煩事發生了嗎？

2. 你隨身帶著安全別針或一條繩子，以防衣服或別的東西裂開嗎？

3. 你跟人打過賭嗎？

4. 你曾夢想過中了彩票或繼承一大筆遺產嗎？

5. 出門的時候，你經常帶著一把傘嗎？

6. 你會將收入的大部份用來買保險嗎？

7. 度假時你曾經沒預訂賓館就出門嗎？

8. 你覺得大部份的人都很誠實嗎？

9. 度假時，把家門鑰匙托朋友或鄰居保管，你會把貴重物品事先鎖起來嗎？

10. 對於新的計劃你總是非常熱衷嗎？

11. 當朋友表示一定會還時，你會答應借錢給他嗎？

◎計分標準：

每道題答「是」得 1 分，答「否」得 0 分，最後算總分。

◎測試分析：

0～4 分：你是個標準的悲觀主義者，看人生總是看到不好的一面。解決這一問題的唯一辦法，就是以積極的態度來面對一切，即使偶爾會感到失望，你也會增加信心。

5～8 分：你對人生的態度比較正常。不過你可以學會以更積極的態度來應對人生的起伏。

9～11 分：你是個標準的樂觀主義者。看人生總是看到好的一面，將失望和困難擺到一旁，不過過於樂觀也會使你對事情掉以輕心而誤事。

測試九

現在的你是否知足常樂

在這個物慾橫流的社會，你能保持一個平和的心境嗎？你是一個知足常樂者嗎？請根據實際情況作答。

1. 你是否覺得自己被迫循規蹈矩？

A. 是的，有時是這樣　　B. 很少或從不

C. 是的，我經常因為必須循規蹈矩而感到沮喪

2. 你是否喜歡自己的工作？

A. 大多數時候是，但不總是　B. 是的　C. 基本上不是這樣

3. 你認為下面那個詞是對你最好的概括？

A. 安定的　　B. 感到滿意的　　C. 不平靜的

4. 你是否做了一些讓你良心不安的事？

A. 是的，有時候　B. 很少或從不　C. 是的，我在這方面很擔心

5. 你對生活是否抱有一種輕鬆的態度？

A. 是的，對大多數事情是這樣。但是，有些事情很重要，不是那麼容易放得下

B. 總的來說，我的確是採取一種輕鬆的態度對待生活

C. 我不認為自己是一個很輕鬆愉快的人

6. 你是否因為自己的失敗而拿別人出氣？

A. 偶爾　B. 很少或從不　C. 經常

7. 你是否感到自己的生日是在幸運的星座上？

A.也許我算比較幸運的　　B.絕對沒錯　　C.不

8.你是否已經實現了人生的大多數抱負？

A.大多數

B.我現在不能找出特定的抱負目標需要我去實現

C.完全不是

9.你如何看待未來？

A.有一定程度的理解

B.如果順利的話，會像現在一樣繼續發展

C.我希望將來會比過去和現在要好得多

10.你擁有良好的睡眠嗎？

A.我努力做，但不總是成功　　B.是的　　C.通常不太好

11.你是否感到有自卑感？

A.可能，有時是這樣　　B.沒有　　C.是的

12.你是否認為自己擁有忠誠和穩定的家庭生活？

A.總的來說是這樣　　B.毫無疑問　　C.不是

◎計分標準：

選擇 A 得 1 分，選擇 B 得 2 分，選擇 C 得 0 分。

◎測試分析：

0～7 分：你對自己的生活不太滿意。

8～15 分：你對自己的人生基本滿意，儘管可能你還沒有意識到這一點。

16～24 分：你的得分表明你對自己的生活感到滿意。因此，你可能擁有快樂和內心的安寧。正是這種快樂感染並影響你週圍的人，尤其是你的直系親屬。

測試十（A）

測你的憂鬱指數

美國心理治療專家、賓夕法尼亞大學的大衛· D.伯恩斯博士曾設計出一套憂鬱指數的自我測量表——BDC 清單，它可幫助你快速測出你有沒有憂鬱的傾向以及你的憂鬱指數有多高。請在符合你的情緒的選項上打分，測試完之後，請算出你的總分。

1. 內疚：你是否對任何事都自責？
2. 猶豫：你是否在作決定時猶豫不決？
3. 焦躁不安：這段時間你是否一直處於憤怒和不滿狀態？
4. 對生活喪失興趣：你對事業、家庭、愛好或朋友是否喪失了興趣？
5. 悲傷：你是否一直感到傷心或悲哀？
6. 洩氣：你是否感到前景渺茫？
7. 缺乏自尊：你是否覺得自己沒有價值，或自以為一個失敗者？
8. 自卑：你是否覺得力不從心，或自歎比不上別人？
9. 自殺衝動：你是否認為生存沒有價值，或生不如死？
10. 臆想症：你是否經常擔心自己的健康？
11. 喪失性慾：你是否喪失了對性的興趣？
12. 睡前變化：你是否患有失眠症？或整天感到體力不支，昏昏欲睡？
13. 喪失動機：你是否感到一蹶不振，做事情毫無動力？

14. 自我印象可憐：你是否以為自己已衰老或失去魅力？

15. 食慾變化：你是否感到食慾不振？或情不自禁地暴飲暴食？

◎計分標準：

「沒有」0 分，「輕度」1 分，「中度」2 分，「嚴重」3 分。

◎測試分析：

0～4 分：沒有憂鬱情緒；

5～10 分：偶爾有憂鬱情緒；

11～20 分：有輕度憂鬱症；

21～30 分：有中度憂鬱症；

31～45 分：有嚴重憂鬱症並需要立即治療。

如果透過 BDC 清單測試出你患有中度或嚴重的憂鬱症，建議你趕緊去接受專業性的幫助，因為當你需要援助而沒有及時尋求援助時，你有可能會被你存在的問題擊毀，因為心理的疾病往往比生理的疾病更可怕。

測試十（B）

憂鬱測試

你有憂鬱症傾向嗎？請做下面的測試，只需作出「是」或「否」的回答。

1. 你對任何事物都不感興趣。

2. 你容易哭泣。

3. 你覺得自己是一個失敗者，一事無成。

4. 你常常生氣，而且容易激動。

5. 你不想吃東西，沒有食慾，感覺不出任何味道。

6. 即使家人和朋友幫助你，你仍然無法擺脫心中的苦惱。

7. 你感到精力不能集中。

8. 即使對親近的人你也懶得說話。

9. 你常無緣無故地感到疲乏。

10. 你覺得無法繼續你的日常學習與工作。

11. 你常因一些小事而煩惱。

12. 你感到自己的精力下降，活動減慢。

◎計分標準：

回答「是」計 2 分，回答「否」計 0 分，然後計算總分。

◎測試分析：

0～4 分：你的心理基本正常，沒有憂鬱症狀。

5～10 分：你有輕微的憂鬱症狀，可採取自我心理調節，保持樂觀、開朗的心境。

11～18 分：你屬於中度的憂鬱，要找醫生諮詢，並進行必要的診療。

19～24 分：你的精神明顯憂鬱，症狀非常嚴重，你應該請醫生為你治療，同時應進行精神上的自我訓練，讓自己及早從消極、壓抑的情緒中解脫出來。

測試十一

你的內心疲勞嗎

一般來說，疲勞有兩種：一種是生理疲勞，一種是心理疲勞。而心理疲勞的大部份症狀，是透過生理疲勞表現出來的，因而往往被人忽視。那麼現在的你心理疲勞嗎？下面的症狀你有幾個？

1. 早晨起床後，感到全身發懶，四肢沉重，心情不好。
2. 工作不起勁兒，什麼都懶得去做，甚至不願意和別人交談。
3. 工作中差錯多，工作效率低。
4. 容易神經過敏，芝麻大一點不順心的事，也會大動肝火。
5. 因為眩暈、頭痛、頭重、背酸、噁心等，感到很不舒服。
6. 眼睛容易疲勞，視力下降。
7. 犯困，可是躺到床上又睡不著。
8. 便秘或者腹瀉。
9. 沒食慾、挑食、口味變化快。

◎測試分析：

如果你符合以上症狀 1～3 個：說明你有輕微的心理疲勞。

如果你符合以上症狀 4～6 個：說明你有較重的心理疲勞。

如果你符合以上症狀 7～9 個：說明你的心理疲勞很嚴重，需要儘快調整身心狀態。

測試十二

你的自尊心傷害到你了嗎

自尊心是一種良好的心理品質，只有具有這種心理品質，才能發憤圖強，不甘落後，努力拼搏。生活中的你自尊心又有多強呢？請選擇適合你的答案：A 我同意，B 我非常同意，C 我完全不同意。

1. 你是否欣賞自己克服困難的方式？
2. 你是否接受別人對你的誇獎？
3. 你是否認為自己是一個具有許多獨特品質的優秀人才？
4. 當別人過分要求你、挑剔你、為難你的時候，你是否保持冷靜和清醒？
5. 你是否獨自享受高品質的時間？
6. 你是否能很好地照顧自己？
7. 你是否珍惜自己獲得的一切，並且不會為不擅長的事而擔心？
8. 你是否喜歡、鍾愛並關愛自己？
9. 你是否認真聽取並仔細考慮別人對你的批評，聽取那些有用的建議並捨棄其他那些無用的？
10. 和別人談論自己時，你是否表達對自己的尊重和欣賞？

◎計分標準：

選 A 得 1 分，選 B 得 2 分，選 C 得 0 分，計算總分。

◎測試分析：

0～5 分：你十分缺乏自尊。因為你缺乏自尊，所以你就退縮，變得消極或者止步不前，這樣你就失去了培養自信心的機會。

6～10 分：你沒有良好的自尊，但你已經在努力地培養它，而且你也十分清楚這需要發展自身持久的自信心和穩定性。

11～15 分：你具備良好的自尊，十分自信、自重，比較滿意目前的自我。

16～20 分：你具有非同一般的自尊，而且你將它駕馭得很好。但是你要記住：只有一小部份人擁有這麼高層次的自尊。別人不會像你那麼自信，所以當你理解這些人的需要和態度時會有些難度。

測試十三

看看你自卑感的來源是那裏

自卑是一種心理問題，每個人的自卑來源是不一樣的，你想知道你的自卑來源嗎？來測一下吧！

1. 和別人說話，眼睛總是會不經意地飄來飄去或不喜歡注視別人的眼睛？

A. 是→2　　B. 否→3

2. 從小到大當過幾次班級幹部、學校司儀、團體活動主持人之類的工作？

A. 5 次以下→4　　B. 多得記不得了→5

3. 覺得自己是個不愛八卦的人，那些八卦雜誌和狗仔隊都是揭人隱私的混蛋？

A. 是→5　　B. 否→6

4. 曾經買過瘦身及美容類的書籍或常看這類的電視節目及專欄嗎？

A. 是→5　　B. 否→7

5. 想買東西、想出國，就算沒存款，只要可以刷卡或預借現金就沒什麼關係？

A. 是→8　　B. 否→6

6. 認為結婚後若和對方的家人住在一起，一定會非常不適應、不自由？

A. 是→9　　B. 否→8

7. 如果人的靈魂有顏色，你認為會和什麼顏色比較相近？

A. 透明冷冽的灰色系→10

B. 柔和明亮的暖色系→8

8. 雖然說「天生我材必有用」，但你認為老天還是非常不公平？

A. 是→11　　B. 否→10

9. 如果有朋友對你的髮型、穿著打扮建議多多，你大部份都會有什麼反應？

A. 沒什麼，一起聊聊→12

B. 感到很干擾、厭惡→11

10. 從小到大你都不喜歡，也不常把同學、朋友帶回家，或是介紹給家人認識？

A. 是→13　　B. 否→11

11. 如果你有足夠的錢，又有朋友勸你，你會跑去整形嗎？

A. 是→14　　B. 否→15

12. 認為自己不能更有發展或是更上一層樓的原因是？

A. 形象不佳→15　　B. 資質不好→14

13. 你不常帶同學和朋友回家的原因是？

A. 就是不喜歡→A

B. 感情沒那麼好→C

14. 為追求完美，光臉部你就有兩個地方想好好整一整？

A. 是→B　　B. 否→13

15. 你覺得大部份成功的人，最大的成功因素及助力是？

A. 野心與謀略→C　　B. 勇氣與直覺→14

◎測試分析：

A 型：自卑來源於家庭。你的自卑因數大多與家庭或家人有關係！這可不是說你的出身或家人不好！可能是和父母家人的溝通有問題，總之你的壓力、不滿和自卑總與家庭脫不了關係。但非常有趣的是，家庭也將成為你終生奮鬥、努力上進的原動力！

B 型：自卑來源於外形。不管你是男是女、已婚未婚、學歷高低和人品如何，你的自卑因數大都是來自你的外形和長相。

C 型：自卑來源於個性。你之所以感到不順、不快樂和自卑，是你欠缺安全感且鑽牛角尖的個性。人生苦短，如果再扣掉嬰兒期、睡覺和老得不能動的時間，分分秒秒都寶貴，所以與其浪費時間與精力在抱怨、自卑上，倒不如放寬心胸樂觀一點。

測試十四

你是一個會感恩的人嗎

1. 在早晨上學之前，你得知媽媽病了，你會怎麼辦呢？

A. 不上學了，在家陪媽媽，可以讓媽媽按時吃藥。

B. 按時上學，但是會打電話給媽媽，向媽媽表達自己的關心。

C. 不用放在心上，媽媽已經是大人了，她會照顧自己，你關心不關心都無所謂。

2. 媽媽過生日的時候，你會怎麼辦？

A. 親自做一張賀卡，祝媽媽生日快樂。

B. 花一大筆錢，給媽媽買一個豪華的生日禮物。

C. 不知道媽媽的生日是什麼時候，只知道自己的生日是那一天。

◎測試分析：

第 1 題

選 A：說明你是一個非常有愛心的人，也是一個知道感恩的好孩子，但是你的行為還不是很妥當，感恩也是需要方法的。

選 B：說明你是一個知道感恩的好孩子，同時也說明你很有理性，能夠科學合理地安排自己的生活，你已經比較成熟了。

選 C：說明你在感恩這一環節上做得還遠遠不夠，也許你的想法沒有錯，但是如果你連自己的媽媽都不關心，你還有可能關心誰呢？你需要好好思考一下自己了！

第 2 題

選 A：說明你的表現很得體，你不僅是一個富有愛心的孩子，而且知道怎麼樣把自己的感恩心理恰當地表現出來，你的行為說明你是很棒的。

選 B：你的想法不錯，你確實也很愛媽媽，但是你的表現和你的身份不符，所以在怎樣表現自己的感恩時，你還需要好好斟酌，多向有經驗的人請教。放心，他們會很熱心地告訴你的。

選 C：可能是你受到的教育方式有問題，你並不是一個知道感恩的孩子，你還需要付出很大的努力，你必須知道，要想讓別人愛自己，自己首先就應該愛別人。

測試十五

你是善解人意的人嗎

善解人意是一個人最重要的品質和最吸引人的地方，那麼你是一個善解人意的人嗎？來測一下吧！

1. 他說：「我總是說些多餘的話。剛才在電話裏，我還傷害了她(他)。」你會說……

A. 我也不太會講話，這一點倒是和你很像。

B. 說話過了頭嘛，別在意。

C. 別對漫不經心的話太在乎了，對方不會多心的。

2. 他說：「為什麼我這麼倒楣呀！我要和她分手！」你會說……

A. 你和我比起來還算幸福的。

B. 爭吵就會兩敗俱傷。好好考慮啊！

C. 她那麼說也有她的道理嘛，別那麼生氣了。

3. 他說：「本來這次我是絕對有信心的，可是，他們還是說我沒有才華。我再也不搞音樂了！」你會說……

A. 過度自信反而毀了你。

B. 絕不能這樣，總會有出頭的一天。

C. 現在就放棄吧，讓過去的全部成為過去吧！

4. 他說：「最近工作忙得團團轉，有時還在公司過夜。給這麼少的薪水，又叫人做這麼多工作，真受不了。」你會說……

A. 好好幹，老是牢騷，還不如辭職算了！

B. 別太拼命了，要吃些補品啊。

C. 你不是說過喜歡這份工作嗎？這一陣子是比較忙，要加油！

◎計分標準：

選 A 得 1 分，選 B 得 2 分，選 C 得 3 分，計算總分。

◎測試分析：

4～6 分：非常遺憾，你可能是缺乏體諒對方的能力。

7～9 分：你雖能體會到對方的心情，卻不善於表達；雖然笨拙，但和藹可親，這一點是沒人可比的。

10～12 分：你往往過分誠懇，超乎一般地投入感情，大概是感受能力比較強吧。但是有時這樣做反而會成為對方的負擔。

測試十六

你會帶著憤怒去開車嗎

獨自乘電車，已經有座位了，但並不是你喜歡的位置。這時有人下手，空出了一個你喜歡的座位，你會起來調換嗎？

1. 你有要事辦理，一邊視窗是長長的隊伍，另一邊視窗不用等，但必須花上多 1 倍的錢，你如何選擇？

A. 排隊　　B. 多花錢

2. 飛行和瞬間移動，如果這兩種交通方式你可以擁有一種，選那個？

A. 瞬間移動，經濟又現實　　B. 飛，累點兒沒關係

3. 自己煮飯的話，如果米裏面雜質比較多，你會怎麼做？

A. 先找一找沙子　　B. 全倒進去

4. 你是個經常虎頭蛇尾有始無終的人嗎？

A. 不是　　B. 是

5. 你被別人超過，會想加快速度反超嗎？

A. 不會　　B. 嗯，只要有可能，我還會跑到前面去

6. 你被吵醒睡眠時，會變得暴躁嗎？

A. 不會　　B. 會，嚴重的會罵人

7. 約好見面朋友卻遲遲不來，你會：

A. 至少先等半小時　　B. 不停打電話，或者轉身離開

8. 你更願意玩過山車，還是碰碰車？

A. 碰碰車　　B. 過山車

9. 你專心做一件事情時會很沉迷嗎？

A. 不會特別入迷吧　　B. 會，心無旁騖

10. 你完成這個測試的方法是：

A. 一道一道題計分　　B. 看完所有的題再統計分數

◎計分標準：

會——初始分 20 分

看心情和週圍情況——初始分 16 分

不會——初始分 10 分

用初始得分，加減以下問題的分數。

選 A 加 1 分，選 B 減 1 分，計算總分。

◎測試分析：

0～6 分：如果前面堵車的情況下，發生小摩擦你就會充滿吵架的慾望。讓你在交通非常擁擠的地方生活，就不能給你摸方向盤的權利。

7～14 分：你忍受不了被別人超車的感覺，尤其是對方故意這樣做還對你炫耀時。

15～22 分：塞車超過一定時間，你也會變得暴怒，或者拼命按喇叭。

23～30 分：你不在乎漫長等待，只要有事情做，你不介意在椅子上坐等一天，但是等等走走的狀態就有點煩人了。

測試十七

學會控制自己的情緒

日常生活中你是否因為一件小事就跟別人大吵大鬧呢？或是因為他人的一句話就對對方大發雷霆呢？想知道自己是不是一個「炮筒子」就趕快做下面的測試吧！

請根據你在下列情境中的情緒變化，確定你作出的反應。

A. 我根本不會生氣，也不會煩惱

B. 我會覺得很煩，但不會生氣

C. 我會有一點生氣

D. 我會比較生氣

E. 我會十分生氣

1. 你端著茶水，有人撞了你，茶水全潑到你的身上。
2. 你不注意，名牌衣服被桌上的釘子剮破了。
3. 朋友拿走了一本珍貴的書，卻一直不還給你。
4. 你把剛買的電話插上插座，打開開關，結果發現它是壞的。
5. 工作中他人犯了錯，上司卻批評你。
6. 大家都在奚落你。
7. 乘坐的車子陷入泥中。
8. 你認識的人裝模作樣，總覺得自己很了不起。
9. 你必須準時趕到某地，可現在堵車。
10. 你跟別人打招呼，他竟不理睬你。

11. 修理工獅子大開口，向你索要高額修車費。

12. 你努力完成了某項工作，上司卻批評你工作效率太低。

13. 你只有 10 分鐘可以打電話，可對方電話竟一直佔線。

14. 你正在專心讀書，旁邊的人卻不停地大聲叫嚷。

15. 對方對某一問題一無所知，卻一直在和你爭辯。

16. 你騎車技術一向很好，但有一次摔倒了，引起了旁人的嘲笑。

◎計分標準：

選 A 得 0 分，選 B 得 1 分，選 C 得 2 分，選 D 得 3 分，選 E 得 4 分，然後算總分。

◎測試分析：

0～32 分：你不太容易發怒，一般生活中的小事不會讓你動怒，週圍的人總是稱讚你的好脾氣。

33～43 分：生活中肯定有些事情會讓你生氣，但你的反應不過激。

44～50 分：你比較容易發火，其實很多時候並沒有必要。要學會調節自己的情緒，控制自己的怒氣。

51～64 分：你可以說是個「炮筒子」，稍有不滿便會爆發，你的優點全給掩蓋了，你可能有某種情緒障礙，最好找心理醫生諮詢。

測試十八

你克制情緒的能力如何

你克制情緒的能力如何，做下面的測試便可見分曉。

1. 你朋友想借你新買的數碼相機，你會怎麼辦？

A. 借給他，但是滿腹牢騷

B. 提醒他有一次你向他借東西，他不肯借，當時你的心情如何

C. 騙他說你已經借給別人了

D. 告訴他你想先用一個星期，然後再借給他

2. 在影劇院裏有人抽煙你怎麼辦？

A. 很反感，希望其他人向這個人提意見

B. 大叫吸煙是令人討厭的習慣，並聲言要叫服務員來干涉

C. 用手捂住臉，露出一副不贊同的表情

D. 問此人是否知道影劇院裏不准吸煙，並指給他看「嚴禁吸煙」的牌子

3. 你的愛人說你最近胖了，你怎麼辦？

A. 偏偏吃得多一些

B. 回敬他幾句，不要他多管閒事

C. 告訴他如果他少買些雞蛋、肉，你就不會增肥了

D. 你自己也有同感，希望他幫助你節食

4. 你正要去上班時，你朋友打來電話，讓你幫助他解決心中的苦悶，你怎麼辦？

A. 耐心地聽，寧可遲到

B. 在電話中禁不住埋怨道：喂，你知道我必須去上班那

C. 告訴他你願意聽他說，不過遲到要受到批評，可能還要扣錢

D. 向他解釋上班要遲到了，不過答應他午飯時間打電話給他

5. 你忙著打掃衛生，而你的愛人一回來就問晚飯有沒有準備好，你怎麼辦？

A. 勉強地煮了這頓晚飯，然後責怪他太不體貼人

B. 大發雷霆，命令他自己煮飯

C. 氣得當晚不吃飯

D. 對他說：我實在疲倦，我們到外面吃飯吧

6. 你辛苦幹了一天，卻不料你的領導還大為不滿，你怎麼辦？

A. 不耐煩地聽他埋怨，心中滿是委屈，但不作聲

B. 拂袖而去，認為自己不應該受屈

C. 把責任推給他人

D. 注意自己做得不夠的地方，以便今後改正

7. 在飯店裏點菜，可上來後一嘗，飯菜特別鹹，你該如何處理？

A. 向同桌的人發牢騷

B. 破口大罵，粗魯地責備廚師無能

C. 默默地吃下去，然後把碗筷弄得亂七八糟

D. 平靜地告訴服務員，然後吃下去

8. 一位熱情的售貨員介紹給你所有的產品，但你都不滿意，你怎麼辦？

A. 買一件並不想買的東西　　B. 粗魯地說這些產品不好

C. 向他道歉，不買了　　D. 說一聲謝謝，然後離去

◎**測試分析：**

多數選擇 A 者：你往往屬於好戰型，動不動就暴跳如雷，甚至粗魯地罵人。

多數選擇 B 者：你雖然有好戰的一面，但是你善於隱藏它，善於處理人與人之間的關係，只是有時還不夠坦率，使他人不能完全理解你。

多數選擇 C 者：祝賀你，你完全懂得如何安排你的生活，你尊重他人，對人坦率、誠懇，從不虛假或裝模作樣，結果人們都尊重你，願和你交朋友。

多數選擇 D 者：你對一切事物往往採取消極被動的態度，對任何有爭論性的事你都宣佈放棄發表意見，而讓他人決定或承擔責任。

測試十九

測試心理適應能力

本測試可以幫助你瞭解自己心理適應能力的強弱，共 10 題，每題有三個答案可供選擇，請根據自己的第一印象進行選擇，不要猶豫。

1. 有人莫名其妙地給了你一頓謾罵，你會：

A. 頭腦清醒，冷靜而適度地予以回擊；(1 分)

B. 一下蒙了，過後才去想當時該如何進行反擊；(5 分)

C. 在當時就還了幾句，但不切中要害。(3 分)

2. 你旅遊到外地，住進招待所或旅館，睡在陌生的床鋪上，你會：

A.失眠得厲害；(5分)

B.有時會失眠；(3分)

C.和在家感覺沒有什麼差別。(1分)

3.作息時間一改，你會：

A.在相當長一段時間內發生紊亂；(5分)

B.起初的兩三天感到不習慣；(3分)

C.很快就習慣了。(1分)

4.你急著赴約，中途卻堵車，你會：

A.變得急躁不堪，同時想像等候者惱火的樣子；(1分)

B.設想等候者會體諒你是不得已而遲到；(5分)

C.很著急，但想想急也無益，乾脆不去想它。(3分)

5.只有在安靜的環境中你才能讀書，外面喧嘩嘈雜之時你便分心嗎？

A.是的；(5分)

B.看吵鬧的程度而定；(3分)

C.不，只要不是跟我吵，仍能專心讀書。(1分)

6.參加一個全是陌生人的聚會，你會：

A.先灌幾杯酒讓自己放鬆一下；(5分)

B.感到不自在；(3分)

C.立即加入最活躍的一群，熱烈談話。(1分)

7.你要用的重要文件不翼而飛了，這時你會：

A.急忙把那些可能的地方找一遍；(3分)

B.心情暴躁地東翻西找來搜索；(5分)

C.不動聲色地對最近一段時間的行為作一番仔細回顧。(1分)

8.你去已經約好的朋友家，他卻有急事出去了。這時，你會：

A. 有些不滿，但既來之則安之；(3 分)

B. 嘀咕不已；(5 分)

C. 充分利用這一空當，為自己下一步要做的事計劃一番。(1 分)

9. 你向來用圓珠筆寫字，現在要你用鋼筆書寫，你會：

A. 感到彆扭；(5 分)

B. 有時有點不順手；(3 分)

C. 感覺與圓珠筆沒什麼差別。(1 分)

10. 和別人發生了衝突後，你會：

A. 轉回到工作上，但有時難免出神；(3 分)

B. 嘮叨個不停，工作量遞減；(5 分)

C. 不受影響，繼續專心工作。(1 分)

◎測試分析：

10～13 分：心理適應能力強。世界千變萬化而你「遊刃有餘」。你過得很快樂，這種狀態有利於你的健康。你是個生命力強的人。

14～32 分：心理適應能力一般。事物的變化及刺激不會使你失魂落魄，一般情形你都能作出相應的適當反應，可是如果事件比較重大，那麼你的適應期就要拖長。

33～50 分：適應能力差。你不習慣生活、工作中的各種變化，這些變化使你坐立難安、無所適從。不過，只要意識到了，還是有希望改善此種狀況的。

測試二十

你的情緒穩定性有多高

「鬧情緒」是我們常常聽到的一個詞語。很多女孩子見到秋風落葉便要掩面哭泣，遇事不合心意，更是扭轉身子就走。而你呢？喜歡「鬧情緒」嗎？你的情緒穩定嗎？

1. 小學時最敬仰的老師，直到現在仍然很敬重他。

A. 是的　　B. 不一定　　C. 不是的

2. 你熱愛所學專業和所從事的工作。

A. 是的　　B. 不一定　　C. 不是的

3. 在大街上，你常常避開你所不願意打招呼的人。

A. 極少如此　　B. 偶然如此　　C. 從不如此

4. 覺得自己有能力克服各種困難。

A. 是的　　B. 不一定　　C. 不是的

5. 季節氣候的變化一般不影響你的情緒。

A. 是的　　B. 介於 A、C 之間　　C. 不是的

6. 如果到了一個新環境，你會：

A. 把生活安排得和從前不一樣

B. 不確定　C. 完全換一種活法

7. 不論到什麼地方，都能清楚地辨別方向。

A. 是的　　B. 不一定　　C. 不是的

8. 整個一生中，你一直覺得你能達到所預期的目標。

A. 是的　　B. 不一定　　C. 不是的

9. 你雖然與人為善，但還是得不到別人的認可。

A. 是的　　B. 不一定　　C. 不是的

10. 猛獸即使是關在鐵籠裏，你見了也會被嚇得不敢靠近。

A. 是的　　B. 不一定　　C. 不是的

11. 不知為什麼，有些人總是迴避你或冷淡你。

A. 是的　　B. 不一定　　C. 不是的

12. 清閒時，你喜歡聽聽音樂，但如果有人在旁高談闊論，你會：

A. 仍能專心聽音樂　B. 介於 A、C 之間　C. 不能專心並感到惱怒

13. 你經常會做各種各樣的夢，使你無法安睡。

A. 經常如此　　B. 偶然如此　　C. 從不如此

◎計分標準：

根據計分表，查明你每題的得分，並算出總分。

題號	1	2	3	4	5	6	7	8	9	10	11	12	13
A	2	2	2	2	2	0	2	2	0	0	0	2	0
B	1	1	1	1	1	1	1	1	1	1	1	1	1
C	0	0	0	0	0	2	0	0	2	2	2	0	2

◎測試分析：

0～12 分：你情緒激動，容易產生煩惱。通常不容易應付生活中遇到的各種阻撓和挫折，容易受環境支配而心神動搖，不能面對現實，常常急躁不安、身心疲乏，甚至失眠等。要注意控制和調節自己的心境，使自己的情緒保持穩定。

13～16 分：你的情緒有變化，但不大，能沉著應付現實中出現

的一般性問題。然而在大事面前，有時會急躁不安，難免受環境支配。

17～26 分：你的情緒穩定，性格成熟，能面對現實。通常能以沉著的態度應付現實中出現的各種問題，行動充滿魅力，有勇氣，有維護團結的精神。有時，也可能由於不能徹底解決生活中的一些難題而強自寬解。

測試二十一

心平氣和的心態你有嗎

心平氣和好做事。人的煩惱一半源於自己，即所謂畫地為牢、作繭自縛。煩躁者會失去做人的樂趣。下面來測一下你是否心平氣和吧！

1. 時常懷疑別人對你的言行是否真的感興趣？

A. 是的　　B. 介於 A、C 之間　　C. 不是

2. 有人侵擾你時，你會：

A. 總要說給別人聽，以洩憤　　B. 介於 A、C 之間

C. 能不露聲色

3. 早上起來，常常感到疲乏不堪？

A. 是的　　B. 介於 A、C 之間　　C. 不是

4. 善於控制自己的面部表情？

A. 不是　　B. 介於 A、C 之間　　C. 是的

5. 常常被一些無謂的小事困擾？

A.是的　　B.介於 A、C 之間　　C.不是

6. 很少用難堪的語言去刺傷別人的感情？

A.不是　　B.不太確實　　C.是的

7. 神經脆弱，稍有一點刺激就會戰慄起來？

A.時常如此　　B.有時如此　　C.從不會

8. 在和人爭辯或險遭事故後，常常感到震顫、精疲力竭，而不能繼續安心工作？

A.是的　　B.介於 A、C 之間　　C.不是

9. 在某些心境下，你會因為困惑陷入空想，將工作擱置下來？

A.是的　　B.介於 A、C 之間　　C.不是

10. 未經醫生許可，從不亂吃藥？

A.不是　　B.介於 A、之間　　C.是的

◎計分標準：

選 A 為 2 分，選 B 為 1 分，選 C 為 0 分，計算總分。

◎測試分析：

0～8 分：常被緊張情緒困擾，缺乏耐心，心神不定，過度興奮，常常感覺疲乏，又無法擺脫。

9～15 分：緊張度適中，生活充實，有時會有緊張感，但自己就可以控制了。

16～20 分：心平氣和，通常知足常樂，能保持內心平穩，但有時過於疏懶，缺乏進取心。

測試二十二

你有恐懼心理嗎

現代社會瞬息萬變，令人情緒不定的事情有很多，心理的波動和撞擊會讓人如驚弓之鳥。生活中的你是否有恐懼心理呢？

1. 你總是很在乎別人對自己形象的看法嗎？

A. 別人的看法對我沒有任何影響　B. 偶爾會的

C. 是的，這對我很重要

2. 你對別人養的小寵物有什麼想法？

A. 對它們沒什麼特別的感覺　B. 它們讓我有些不自在

C. 感到害怕

3. 你對包括雙親在內的長輩有沒有害怕或敬畏過？

A. 不記得有　B. 有時會有　C. 對其中之一有過害怕

4. 你憂慮過有一天戀人會離你而去嗎？

A. 我對彼此的感情非常有信心

B. 有時會擔心　C. 的確，我一直憂慮

5. 你一般以什麼樣的心理狀態為自己拿主意？

A. 很自信，認為不會有一題　B. 偶爾會有身心不寧之

C. 總是在擔心會出問題

6. 你總是對某件事存在力不從心的感覺嗎？

A. 我很自信，處理問題從來沒有力不從心的感覺

B. 當碰到無法處理的事，自己完全解決不了時會有

C.只要遇到困難我都會有此感覺

7.你對具有權威的人有何感受？

A.對他們沒什麼特別的感覺　B.不願意與其多接觸

C.總是感到恐慌

8.你對任何該做的事情都能負起責任嗎？

A.我願意負起全責　B.如果是我的責任，我願意承擔

C.基本不能，責任能推推

◎計分標準：

選A得1分，選B得2分，選C得3分，計算總分。

◎測試分析：

8～13分：你時常被恐懼心理打擾。這會讓你的生活少了很多平靜和快樂，你可能會因以前的某些失敗而產生一定的自卑心理，從此害怕做任何事情。

14～19分：你在一些關鍵場合或面臨重大選擇時會有恐懼心理，這在一定程度上影響了你的生活。

20～24分：你的心理是健康的，你勇往直前、無所畏懼，你的生活不會被恐懼打擾。

測試二十三

你時常出現恐懼情緒嗎

下面的測試會告訴你目前是否存在恐懼感。本測試共 10 題，請從 3 個備選答案中選出最適合你的一項，10 分鐘之內完成。

1. 童年時代，你對父母感到恐懼嗎？

A. 對父母兩人或其中一人感到恐懼。

B. 偶爾。　　C. 我不記得對父母感到害怕。

2. 你時常有無能為力的感覺嗎？

A. 有時候，當遇到困難較大時，我覺得自己無能為力。

B. 每逢遇到麻煩時，我都深深覺得自己無能為力。

C. 在處理問題時，我幾乎從不感到無能為力。

3. 你擔心自己的工作會丟掉嗎？

A. 我從未擔心過。　B. 偶爾擔心過。　C. 我常常害怕失去工作。

4. 你常常關心其他人對你的印象嗎？

A. 偶爾這樣。　　B. 我經常關心別人對我的印象。

C. 別人對我有何看法，我絲毫不在意。

5. 你對具有威懾力的人物：

A. 總是感到害怕與苦惱。　　B. 不怕任何人。

C. 避免和這種人打交道。

6. 你對無害的動物(貓、狗)：

A. 感到恐懼。　　B. 它們令我感到有點不安。

C.這些小動物從未令我害怕。

7.你會擔心失去自己心愛的人嗎？

A.是的，我時時擔心。　B.有時候我會擔心。

C.我對我們的愛情充滿信心。

8.你對自己的身體抱什麼看法？

A.我總覺得自己會患重病。

B.偶爾發現身體有問題，因而為自己擔心。

C.我從不擔心自己的健康。

9.你作決定時的態度是：

A.從不擔心出錯。　B.有時感到一絲不安。

C.作任何決定，都令我內心十分痛苦。

10.你有責任感嗎？

A.我做任何事情都不想承擔責任。

B.如果需要我負責任，我一定負起責任。

C.我理應主動地負起責任。

◎計分標準：

題號	1	2	3	4	5	6	7	8	9	10
A	1	2	3	2	1	1	1	1	3	1
B	2	1	2	1	3	2	2	2	2	2
C	3	3	1	3	2	3	3	3	1	3

◎測試分析：

10～14分：有重度的恐懼症。

15～24分：偶爾也會有恐懼感。

25～30分：無所畏懼，你的心理很健康。

測試二十四

你是否患上了恐懼症

全球有 1/4 的人患有不敗程度的恐懼症，生活中的你是幸運兒嗎？用「是」或「否」來回答下面的測試題目。

1. 經常想到親人會有不幸？
2. 有時擔心會給自己或所愛的人帶來傷害？
3. 經常檢查燈和水龍頭關好沒有？
4. 在人群中受到推搡覺得反感？
5. 有潔癖，多次反覆地刷洗衣服和傢俱？是否老洗手？
6. 是否老是對自己和自己所幹的事不滿意，儘管努力想幹好？
7. 你是否總是儘量提前離開有可能使你遭遇尷尬的境地？
8. 是否能輕易作出困難的決定？
9. 你是否覺得有一種做某種多餘事的必要？
10. 經常覺得身上衣服有些不對勁兒？

◎計分標準：

回答「是」得 1 分，回答「否」得 0 分，計算總分。

◎測試分析：

0～3 分：你跟恐懼症沾不上邊。

4～7 分：你患有中度恐懼症。

8～10 分：你患上了嚴重的恐懼症，需要醫生的治療。

測試二十五

憤怒的情緒，你能否掌控

憤怒是一種複雜的本能，它以多種方式影響著私人和社會的各種關係。本測試的目的在於，考查一下你到底是憤怒的主人，還是憤怒的奴僕。

1. 你經常發脾氣嗎？

A. 我經常發怒。

B. 我有時也發怒，可一旦事情過去，總會覺得有點慚愧。

C. 我不愛發脾氣。

2. 你對電影中的憤怒場面怎麼看？

A. 對此我有強烈的共鳴，事實上它有時教會我怎樣在自己的生活中表達憤怒。

B. 我欣賞電影中的憤怒場面。

C. 我不喜歡電影中的憤怒場面，就像不喜歡生活中的憤怒場面那樣。

3. 你生氣時的表現如何？

A. 大喊大叫，讓人們都知道我是多麼憤怒。

B. 默默地走開。

C. 努力克制，但是不管幹什麼心裏都很煩躁。

4. 當你受到傷害時會怎樣？

A. 當感到受傷害時，我會當場反擊。

B.當感到受傷害時，我會幾個小時都說不出話來。

C.傷害使我痛苦極了，我會再也不提這件事。

5.當對方發怒時你會怎樣？

A.我不怕別人發怒，事實上我喜歡吵架。

B.憤怒的人使我害怕，我總是想法與他和解，或者躲開他。

C.別人和我翻臉時，我聽他說完，然後設法使他平靜下來，以便我們能開誠佈公地談談。

6.你是否與家人或親近的朋友吵架？

A.經常。　B.有時。　C.從不。

◎測試分析：

選 A 多：你發起脾氣來無所顧忌，容易使他人感到威脅或敵意。有時會感到自己的感情失去了控制。

選 B 多：你瞭解自己的憤怒並能適當地表達。你不是個憤怒的人，你保持理智，克制自己，儘量不發脾氣。

選 C 多：不管你承不承認，你很可能是那種「沒脾氣」的人。

測試二十六

你是容易衝動的人嗎

你是不是衝動的人？這個測驗，可以讓你發覺自己的一些容易衝動的盲點，然後便可設法去改善。請從第一題開始回答，選出你較喜歡的選項，再依指示前往下一題繼續回答。

1. 你是否喜歡游泳呢？

A. 不喜歡，其實我有一點怕水→2

B. 喜歡，游泳是唯一讓全身都能活動的運動→3

2. 如果你必須找人問路，你會選擇：

A. 同性或是老一輩的人來問路→4

B. 不會特定，或是找長相好的異性來問路→5

3. 如果你正要出門，碰巧遇到大風雨，你會：

A. 還是出門，難得老天爺掉眼淚→4

B. 算了，乾脆等雨停了再出去好了→7

4. 夏天天氣實在太熱了，這時一瓶清涼的飲料出現在你面前，你會：

A. 當然是一口氣把它喝完、喝乾→8

B. 還是慢慢喝，總有喝完的時候→6

5. 如果不小心讓你遇上一場血淋淋的車禍，你可能：

A. 會有點不舒服，可還是會繼續看→6

B. 會感覺噁心，轉頭就走，不會看下去→7

6. 如果經濟能力許可，你會選擇怎樣的穿著？

A. 會買好一點的衣服，但不會刻意追求名牌→9

B. 應該會買名牌，那畢竟質感好且較有保障→10

7. 你是否有常常忘記鑰匙放在那兒或忘了拿的習慣？

A. 有，感覺上次數還不少→9

B. 幾乎很少，平時都會特別留意→11

8. 你是不是曾經為了偶像出現戀情而難過不已？

A. 心真的很痛，沒想到他竟然就這麼被「搶」走了→9

B. 還好，知道彼此不可能，影響應該不會太大→10

9. 你自己本身是否有美術天分呢？

A. 沒有，不是美術白癡就不錯了→A 型

B. 有，雖然沒受過訓練，但總覺得有那麼幾分美感→10

10. 你看電視時，是否很容易就跟著入戲？

A. 是啊，明知道是假的卻還是哭得稀裏嘩啦的→C 型

B. 還好，要感動我的電視劇其實並不多→11

11. 獨自一個人住在外面，你在家裏會穿什麼樣的衣服呢？

A. 反正沒人知道，什麼樣的衣服都無所謂→B 型

B. 不會太隨便，還是會維持一下形象→D 型

◎測試分析：

A 型：很小心的人。

B 型：外冷內熱的人。

C 型：活潑開朗的陽光型人物。

D 型：很善於思考的人。

測試二十七

你的魅力指數是多少

以下的心理測驗，就是透過你潛意識中的慾望，測出你對異性的致命吸引力指數。你來到傳說中的許願池，你覺得自己在許願池前，第一眼看到的會是什麼？

A. 天鵝　　B. 荷花　　C. 浮萍

◎測試分析：

選 A：吸引力指數 99 分。你不自覺地就會引起異性的注意，對自己的外貌和魅力更是深具信心，更懂得在適當時機放電，經過你身邊的人，很少有不回頭多看你幾眼的。

選 B：吸引力指數 60 分。你看起來有點冷峻孤傲，不容許自己主動向人示好，就像沉靜優雅的粉荷。相信有識者才能瞭解你的優點，但偏偏就是有人會瘋狂愛上你這一點。

選 C：吸引力指數 40 分。你壓根兒就沒想過吸引力這玩意兒，喜歡愛人甚於被愛，總是化被動為主動，去追求更有吸引力的人和物，只專注於眼前的目標，不會特意修飾自己。

測試二十八

你是情商達人嗎

根據自己的實際情況，用「是」或「否」對以下各說法作出判斷。

1. 當你與自己的戀人或愛人爭吵後，你能在他人面前掩飾住自己的沮喪。

2. 當工作進展不順利時，你認為這預示著結局可能不妙。

3. 在你最好的朋友和你說話前，你就能先看出他(她)的情緒狀況。

4. 常常為一些憂心事夜不能眠。

5. 如果失敗，往往是因為你本不想做，而不是你無能。

6. 不管你工作多努力，你的上司似乎總在催促著你。

7. 如果你忘了戀人或愛人的生日，更可能是因為自己太忙，而不是不善於記別人的生日。

8. 你經常想知道別人是怎樣看待或評價自己的。

9. 你對自己幾乎能使每個與自己打交道的人高興而自豪。

10. 你厭煩討價還價，儘管討價還價能使你少花一百多元錢。

11. 你十分相信直率說話能使一切事情變得容易解決。

12. 在討論中，儘管知道自己是正確的，但你也會轉換，不願與對方爭論。

13. 在工作中作出一個決策，你會不時反省一下，看看它是否正確。

14. 你不會擔心環境的改變，因為你對自己的適應能力有信心。

15. 如果有群體性的休閒娛樂活動，你往往能提出有趣的建議。

16. 若你有一根魔棒，你將用它改變自己的外貌和個性。

17. 你常會受浪漫愛情片或傷感片感染。

18. 你覺得戀人或愛人的厚望會對你構成不小的壓力。

19. 你認為小小一點壓力是不會傷害任何人的。

20. 你會把個人隱私告訴你最好的朋友。

21. 你會對你的合作者發火，如果他(她)總是嘮嘮叨叨對你不放心。

22. 你的鍛鍊沒有收效是因為方法不對，而不是鍛鍊本身無益。

23. 你打牌輸了，是因為牌不好，而不是打牌太難。

24. 如果你的朋友說了傷你感情的話，你會認為他是個以自己為中心、言行不考慮別人的人。

◎計分標準：

第 1、3、5、7、9、14、15、20、22、23 題選「是」得 1 分，其餘各題選「是」得 0 分。

◎測試分析：

0～8 分：你太注重自己而漠視他人了。粗魯的行為方式也許能幫你一時，但很快你就會發現這樣會失大於得的。

9～18 分：你能意識到自己與他人的情感，但有時仍顯得不夠關注。你對自己不斷提出要求和目標，如果你能更好地分析與理解自己與別人的情感和需求，並能不怕挫折、吸取教訓、揚長避短，你會顯現出自己的優勢。

19～24 分：你對自己的才能極有信心。你不會輕易被情緒擊倒，而且十分善於控制自己的情感。

測試二十九

你有堅強的意志力嗎

下面 A、B 卷共 26 道測試題，請根據你的實際情況作答。A 完全符合你的情況；B 比較符合你的情況；C 一時難以確定是否符合你的情況；D 不大符合你的情況；F 完全不符合你的情況。

A 卷

1. 你喜愛體育運動，因為運動能夠增強你的體質和毅力。

2. 你總是很早起床，從不睡懶覺。

3. 你信奉「不幹則已，幹就要幹好」的格言。

4. 你投入地做一件事，是因為其重要、應該做，而不是因為興趣。

5. 當工作和娛樂發生衝突的時候，你會放棄娛樂，雖然它很有吸引力。

6. 你下了決心要堅持做下去的事，不論遇到什麼困難，你都能持之以恆。

7. 你能長時間做一項非常重要卻枯燥的工作。

8. 一旦決定行動，你一定說幹就幹，絕不拖拉。

9. 你不喜歡盲從別人的意見和說法，而善於分析、鑑別。

10. 凡事你都喜歡自己拿主意，別人的建議只作參考。

11. 你不怕做沒做過的事情，不怕獨自負責，你認為那是鍛鍊的機會。

12. 你和同事、朋友、家人相處，從不無緣無故發脾氣。

13. 你一直希望做一個堅強的、有毅力的人。

B 卷

1. 你給自己制訂了計劃，但常常因為主觀原因不能完成計劃。

2. 你的作息時間沒什麼標準，完全靠一時的興趣與情緒決定，且常常變化。

3. 你認為做事不能太累，做得成就做，做不成就算了。

4. 有時你臨睡前發誓第二天要做一件重要的事情，但第二天又沒興趣做了。

5. 你常因為讀一本妙趣橫生的小說或看一個精彩的電視節目而忘記時間。

6. 如果你工作中遇到了什麼困難，首先想到請教別人有什麼辦法。

7. 你的愛好廣泛而善變，做事情常常因為心血來潮。

8. 你喜歡先做容易的事情，困難的能拖就拖，不能拖時則馬虎應付了事。

9. 凡是你認為比你能幹的人，你都不會太懷疑他們的看法。

10. 遇到複雜莫測的情況，你常常拿不定主意。

11. 你生性膽小怕事，沒有百分之百把握的事情，你從來不敢做。

12. 與人發生爭執，有時明知自己不對，你卻忍不住要刺傷甚至辱罵對方。

13. 你相信機會的作用大大超過個人的艱苦努力。

◎計分標準：

A 卷試題中，A、B、C、D、E 依次為 5、4、3、2、1 分。

B 卷試題中，A、B、C、D、E 依次為 1、2、3、4、5 分。

A、B 卷得分加起來為總得分。

◎測試分析：

26～50 分：意志力十分薄弱。

51～70 分：意志力比較薄弱。

71～90 分：意志力一般。

91～100 分：意志力較堅定。

101～130 分：意志力十分堅定。

測試三十

你容易被挫折打敗嗎

挫折感是一種普遍存在的社會心理現象。從廣義上來說，它是一種消極的情緒反應，是在個人和團體的需要和動機不能獲得滿足是時產生的。透過以下測試，你可以瞭解你對挫折的應付能力。請作出最適合你的選擇。

1. 面臨問題時，你會：

A. 知難而進　　B. 找人說明　　C. 放棄目標

2. 你對自己才華和能力的自信程度如何？

A. 十分自信　　B. 比較自信　　C. 不大自信

3. 每次遇到挫折，你都：

A. 大部份都能自己解決　　B. 有一部份能解決

C. 大部份解決不了

4. 在過去的一年中，你遭受幾次挫折：

A. 0～2 次　　B. 3～5 次　　C. 5 次以上

5. 碰到難題時，你：

A. 失去自信　　B. 為解決問題而動腦筋　　C. 介於 A、B 之間

6. 產生自卑感時，你：

A. 不想再幹工作　　B. 立即振奮精神去幹工作

C. 介於 A、B 之間。

7. 困難落到自己頭上時，你：

A. 厭惡至極　B. 認為是個鍛鍊　C. 介於 A、B 之間

8. 碰到討厭的對手時，你：

A. 無法應付　　B. 應付自如　　C. 介於 A、B 之間

9. 工作中感到疲勞時：

A. 總是想著疲勞，腦子不好使了

B. 休息一段時間，就忘了疲勞　　C. 介於 A、B 之間

10. 有非常令人擔心的事時，你：

A. 無法工作　　B. 工作照樣不誤　　C. 介於 A、B 之間

11. 工作進展不快時，你：

A. 焦躁萬分　　B. 冷靜地想辦法　　C. 介於 A、B 之間

12. 面臨失敗，你：

A. 破罐子破摔　　B. 使失敗轉化為成功　　C. 介於 A、B 之間

13. 工作條件惡劣時，你：

A. 無法幹好工作　　B. 能克服困難幹好工作　　C. 介於 A、B 之間

14. 上級給了你很難完成的任務時，你會：

A. 頂回去了事　　B. 千方百計幹好　　C. 介於 A、B 之間

◎計分標準：

第 1～4 題，選擇 A、B、C 分別得 2、1、0 分；

第 5～14 題，選擇 A、B、C 分別得 0、2、1 分。

◎測試分析：

0～8 分：說明你的抗挫折能力很弱。

9～18 分：說明你雖有一定的抗挫折能力，但對某些挫折的抵抗力薄弱。

19～28 分：說明你的抗挫折能力很強。

測試三十一

你有多強的忍耐性

本問卷 20 道測試題將為你瞭解自己的忍耐性提供幫助。每題都有 5 個答案：A 總是；B 經常；C 有時；D 很少；E 從不。請你根據自己的實際情況和真實想法坦率作答，每題只選一個答案。

1. 可以預見到未來的結局時你仍會冷靜自持地迎接或等待。
2. 避免在時機不成熟時作決定。
3. 你身邊若有同性戀者，會表示理解並與之交往如常。
4. 處於變動的時代，能保持耐心和不屈不撓。
5. 辦任何事你會一直努力到最後才決定是否放棄。
6. 你對侵略性行為也會控制住自己的反應。
7. 不管現實多麼殘酷，你對自己都抱有信心。

8. 你會用很長的時間來觀察人和事再作出判斷。

9. 能接受很多似乎不必要的規矩，並做到不觸犯其限制。

10. 假如自己的親友要與年齡相差極大的人結婚，會表示尊重和理解。

11. 避免指責別人未能盡力做到某些事。

12. 在生活中遇到變化時能反覆檢討自己來適應外界。

13. 當遇到困難處境時也抱著放眼未來的態度。

14. 即使旁邊有人大聲吵鬧，你也能專心讀書。

15. 不管現實如何，都會堅持種族及男女平等的觀念。

16. 能在面對許多社會問題時保持沉默。

17. 你會堅持聽完與自己不同見解人的演講。

18. 別人總對你抱有成見時，你還能與之友好相處。

19. 假如有人不同意你的政治或宗教觀點，你也能接受。

20. 對作出的決策能堅持貫徹執行。

◎計分標準：

選 A 得 4 分，選 B 得 3 分，選 C 得 2 分，選 D 得 1 分，選 E 得 0 分，最後計總分。

◎測試分析：

0～20 分：你的忍耐性很差。

21～60 分：你的忍耐性中等。

61～80 分：你的忍耐性很強。

測試三十二

你將如何面對失敗

你去參加電視台智力競賽節目，該競賽規定，連續正確回答到第三問時，可得獎金 1000 元；連續正確回答到第五問時，可得獎金 3000 元；連續正確回答到第十問時，可得獎金 5000 元；連續正確回答到第二十問時，可得獎金 20000 元，外加夏威夷旅行一次。但是倘若中途答錯，則前功盡棄，只能得到「參與獎」——一隻圓珠筆。現在你已經順利地答完了第三問，如果就此打住，你可以得到 1000 元獎金，可你選擇了繼續挑戰，結果失敗了，只得到一隻圓珠筆。此時你作何感想？從 A～D 中選擇一項。

A.不管怎樣已答到第四問，挺高興的。

B.憑自己的能力應該更好些，下次有機會再試試。

C.後悔，答完第三問時停止就好了。

D.這個節目遊戲規則定得不合理。

◎測試分析：

選 A：不會無謂地逞強，是個能按自己主意辦事的務實派，知足常樂，面對失敗能坦然地面對。

選 B：面對失敗，你將會把失敗的苦澀轉至期待下一次的成功上。競爭意識強烈，富於實幹精神，認準一個目標能百折不撓地做下去。

選 C：拘泥於過去的成績，對眼下的失敗不是考慮透過今後的努力來改變，而是責怪自己決策失誤，態度消極，屬保守型。

選 D：你是那種不服輸的人，但往往以自我為中心，一旦遇到挫折，常常把責任推向客觀因素，少有自省。

測試三十三

你是一個受歡迎的人嗎

每個人都希望自己成為一個受歡迎的人，以下這個測試可以幫助你瞭解自己，使你在生活中揚長避短。

1. 如果別人說你是個溫和的人，你會：

A. 心胸狹窄地認為：我的膽子實在太小了。

B. 漠不關心地認為：別人怎麼說，我無所謂。

C. 暗暗地下決心：今後要更溫和些。

2. 在公共汽車上，如果旁邊的小孩又哭又鬧，你會：

A. 討厭地認為：真煩人，家長有辦法制止他就好了。

B. 認為：小孩子真沒辦法，什麼也不懂。

C. 認為：教育孩子真不容易啊。

3. 和朋友爭論完了回家之後，你一個人獨處時，你會：

A. 遺憾地認為：當初我如果那樣說就能駁倒對方了。

B. 後悔地認為：當時沒有充分說明自己的想法。

C. 高興地認為：人的想法各不相同，很高興有機會能談論自己的想法。

4. 當你突然遇到一個很會打扮的人時，你會：

A. 說道：服裝有什麼必要去講究呢？隨便一點不是更好嘛！

B. 羨慕地說：我也要那樣會打扮。

C. 認為：裝束能體現人的內心，那人內心世界一定很豐富吧！

5. 如果不是你的錯，結果卻給對方添了麻煩，你會：

A. 認為：因為不是我的錯，不道歉也可以。

B. 跟對方道歉：因為沒辦法，對不起。

C. 誠懇地賠禮道：不管怎樣，是我給你添了麻煩。

6. 如果別人說你是個獨具一格的人，你會：

A. 生氣地認為：一定是在諷刺我。

B. 我獨特在那裏呢？在考慮這個問題的同時，心中頗有些興奮。

C. 認為：不管怎樣，別具一格是好事。

7. 人類只有相互幫助才能生存。對於這個觀點，你認為：

A. 如果都為別人著想，那就不能生存。

B. 道理上是這麼說，但人往往是自私的。

C. 要認真做到這一點也許很難，但我一定努力去做。

8. 如果在談話時，你的朋友的優點受到別人讚揚，你會：

A. 那人果真這樣嗎？然後強調其缺點。

B. 問道：我該怎麼說才好呢？

C. 一起讚揚道：我也這麼認為。

9. 如果別人問你：你是受歡迎的人還是不受歡迎的人？你會：

A. 不高興地回答：不知道受歡迎還是不受歡迎。

B. 沉思片刻道：我究竟屬於那一種人呢？

C. 笑著說道：還算是受歡迎的。

10. 陌生人向你問路時：

A. 置之不理。

B. 怕麻煩，告訴他不知道。

C. 告訴他詳細的路線，並把他引向正確的方向。

◎計分標準：

選 A 得 1 分，選 B 得 2 分，選 C 得 3 分。

◎測試分析：

10～15 分：你要警惕身上不經意流露出的幼稚、虛榮心強、惹人討厭、不受歡迎等性格特徵，並努力改正。

16～25 分：你受歡迎的程度一般。

26～30 分：你屬於深受歡迎的人。

測試三十四

你的社交能力如何

人際交往是現代社會中一項重要的能力。你若想瞭解自己這一方面的能力，可以做一個測試題，請結合你自己的情況考慮下面的問題，回答「是」或「否」。

1. 你常常主動向陌生人作自我介紹嗎？
2. 你喜歡發現別人的個性嗎？
3. 你喜歡參加社交活動嗎？

4. 你喜歡結交各行各業的朋友嗎？
5. 你在回答有關自己的背景與興趣的問題時會很大方嗎？
6. 你喜歡在宴會上致祝酒詞嗎？
7. 你喜歡與陌生人談話嗎？
8. 你喜歡在孩子們的聯歡會上扮演聖誕老人嗎？
9. 你喜歡做大型公共活動的組織者嗎？
10. 你願意做會議主持人嗎？

◎計分標準：

選「是」得1分，選「不是」則得0分。

◎測試分析：

0～3 分：你在任何社交場合都表現得大方得體，從不拒絕廣交朋友的機會。你待人真誠友善，不狂妄虛偽，是社交活動中備受歡迎的人物，也是公共事業的好使者。

4～6 分：你在大部份社交活動中表現出色，只是有時尚缺乏自信心，今後要特別注意主動結交朋友。

7～10 分：你的社交能力較差，也許是由於羞怯或少言寡語的性格，你沒有表現出足夠的自信。當你應該以輕鬆、熱情的面貌出現時，你卻常常顯得過於局促不安。

測試三十五

你「察言觀色」的本領如何

細緻入微的觀察能力也是一種生存本領，這個測試專為你的觀察能力而設，快來試一下吧。

1. 進入某個工作環境時，你會：

A. 注意桌椅的擺放　B. 注意用具的準確位置

C. 觀察牆上掛著什麼

2. 與人相遇時，你會：

A. 只看他的臉　B. 悄悄地從頭到腳打量他一番

C. 只注意他臉上的個別部位

3. 你從自己看過的風景中記住了：

A. 色調　B. 天空　C. 當時浮現在你心裏的感受

4. 早晨醒來後，你通常：

A. 馬上就想起應該做什麼　B. 想起夢見了什麼

C. 思考昨天都發生了什麼事

5. 當你坐上公共汽車時，你通常：

A. 誰也不看　B. 看看誰站在旁邊　C. 與離你最近的人搭話

6. 在大街上，你會：

A. 觀察來往的車輛　B. 觀察房子的正面　C. 觀察行人

7. 當你看櫥窗時，你：

A. 只關心可能對自己有用的東西

B. 也要看看此時不需要的東西　C. 注意觀察每樣東西

8. 如果你在家裏需要找什麼東西，你：

A. 把注意力集中在這個東西可能放的地方

B. 到處尋找　C. 請別人幫忙找

9. 看到你的親戚、朋友過去的照片，你：

A. 激動　B. 覺得可笑　C. 儘量瞭解照片上都是誰

10. 假如有人建議你參加你不會的賭博，你：

A. 試圖學會玩並且想贏　B. 藉口過一段時間再玩而拒絕

C. 直言你不玩

11. 你在公園裏等一個人，於是你：

A. 仔細觀察你旁邊的人　B. 看報紙　C. 想某事

12. 在滿天繁星的夜晚，你：

A. 努力觀察星座　B. 只是一味地看天空　C. 什麼也不看

13. 你放下正在讀的書時，總是：

A. 用鉛筆標出讀到什麼地方　B. 放個書簽

C. 相信自己的記憶力

14. 你記住你鄰居的：

A. 姓名　B. 外貌　C. 什麼也沒記住

15. 你在擺好的餐桌前：

A. 讚揚它的精美之處　B. 看看人們是否都到齊了

C. 看看所有的椅子是否都放在合適的位置上

◎計分標準：

題號	1	2	3	4	5	6	7	8	9	10	11	12	13	14	15
A	3	5	10	10	3	5	3	10	5	10	10	10	10	5	3
B	10	10	5	3	5	3	5	5	3	5	5	5	5	10	10
C	5	3	3	5	10	10	10	3	10	3	3	3	3	3	5

◎測試分析：

45～75 分：說明你對別人隱藏在外貌、行為方式背後的東西不關心，儘管你在交往中不會產生多少嚴重的心理障礙。

76～100 分：說明你有相當敏銳的觀察能力。但是，對別人的評價有時帶有偏見。

101～150 分：你是一個很有觀察力的人，同時，你也能分析自己和自己的行為，你能夠極其準確地評價別人。

测试三十六

面對複雜世事，你夠不夠精明

面對複雜世事，你夠精明嗎？你能巧妙地處理問題嗎？你能找到最合理的解決方案嗎？透過下面的測試，你就可以瞭解自己的精明度了。

1. 最近因為運動不足，你開始有點發胖。但又因為工作非常忙，你根本沒有去健身房的時間。你會怎麼辦呢？

A.決定不使用電梯或者自動扶梯，而是爬樓梯

B.暫且買個啞鈴之類的運動器材回來鍛鍊

C.只要是能夠步行去的路程，就不會使用交通工具，而是走著去

D.計算食物的熱量，減少進食量

2.小時候，你會怎麼處理第二天要穿的衣服？

A.將睡衣換成第二天要穿的衣服，穿著睡覺

B.頭一天決定好穿什麼衣服，準備好放在枕頭邊，然後睡覺

C.早上起來後再考慮決定穿什麼衣服

D.頭一天決定好穿什麼衣服，第二天早上起來之後再準備

3.下列四句話，你最能產生共鳴的是那一個？

A.知難行易，事情並不都像想像的那麼難

B.把握當下，明天再說明天的話

C.未雨綢繆，有備無患

D.好的開始是成功的一半

4.你決定跟朋友一起去旅行。在決定了去那個地方旅遊之後，接下來你會做什麼呢？

A.列一個要捎帶回來的土特產清單

B.作出蒯行預算　C.決定日程安排　D.購買旅行用品

5.沒有任何通知，突然給你增加了工作量，你會如何處理這件事情呢？

A.不管怎樣，一件一件事情開始著手幹

B.先從看起來很簡單的事情開始處理

C.將幾項工作任務拜託給其他人幫忙處理

D.暫時放下手頭的工作，先去制定一個工作進度計劃表，然後開始工作

6. 在下面幾個選項中，你最討厭的是那一種類型的人呢？

A. 不通情理的人　　B. 非常精明的人

C. 喜歡捏造事實的人　　D. 反應遲鈍的人

◎計分標準：

題號	1	2	3	4	5	6
A	1	3	1	1	1	4
B	2	4	2	4	2	1
C	3	1	3	3	3	2
D	4	2	4	2	4	3

◎測試分析：

6～7 分：你做事隨意，不善謀劃，距離精明還很遠。做事缺乏計劃性的你，還稱不上精明。

8～14 分：偏離常規，你有些自以為是的小聰明。

15～20 分：精打細算，你的精明寫在臉上。你善於精打細算，是那種討厭浪費、反對徒勞無益的人。

21～24 分：你精明能幹，又不失圓融通達。你處事靈活，腦子轉得快，是個非常精明的人。

测试三十七

你懂得拒絕的藝術嗎

在與人交往的過程中，我們經常會遇到很多自己不願意做的事，這時，只要我們輕易地說出一個「不」字，也許就會輕鬆、坦然了。但有些人感覺這個「不」字鼓足了勁兒也說不出口，結果苦了自己也苦了別人，而你屬於那種人呢？

1. 到吃飯的時間了你還很忙。這時你的朋友打電話要請你吃飯，你會：

A. 去和他一起吃午飯。

B. 和他共進午餐，但是你不停地看表。

C. 去見他，但是告訴他你只有半小時的時間。

D. 告訴他你太忙了，不去了。

2. 你到一家飯店，服務員告訴你需要等一會兒才有座位。你會：

A. 坐在那裏等。

B. 問清楚到底要等多長時間，再決定。

C. 離開那家飯店。

D. 抱怨飯店的失誤，然後離開。

3. 你正在安排和一群朋友一起去度假，在商量時間的時候，很明顯別人都比你願意早出發幾天，這時你會：

A. 確定別人在那幾天都有空，去適應他們的時間，儘管這意味著你要錯過幾個重要的約會。

B. 很不情願錯過你的約會，但最終你還是選擇和別人一起出發。

C. 讓別人和你一起解決這個問題，共同協調，並且你希望可以不耽誤你的約會。

D. 告訴他們如果你會錯過約會的話，你就不和他們一起旅行了。

4. 一個電話推銷員想要賣給你一件你並不需要的商品。那個女推銷員聲音甜美，你也不想傷害她，你會：

A. 在電話裏昕她講大概 30 分鐘推銷。

B. 先聽幾分鐘，然後說對不起，告訴她你得出去辦點事。

C. 聽一會兒後告訴她你沒時間聽她多講，告訴她你不需要這件商品，希望她不要再打電話過來，並說「謝謝」。

D. 你厲聲地對她呵斥，並立刻把電話掛斷。

5. 你正在進行一次商務貿易，你要出售一百件最昂貴的產品，雖然價格打了折扣，不過你對目前這個價格還比較滿意，因為這些商品銷售得比較慢。但就在商品要脫手的時候，你的客戶打來電話，說他們遇到了經濟危機，只能支付原價格的 60%，你會：

A. 同意按照客戶能夠支付的價格出售。

B. 和他們商議一個新價格，例如，你們各讓一步取中間價。

C. 你可以負擔商品的運費，但價格不能再變動。

D. 告訴對方除非按照商定的價格，否則交易中止。

6. 你的好朋友請你幫忙照料一會兒小孩，這樣她就可以和她的新情人外出了，你會：

A. 如同平時一樣立刻答應。

B. 感覺有點兒被利用，不過還是答應了。

C. 告訴她這次可以，但不是每次你都會隨叫隨到。

D. 告訴她你也很忙，你今天沒有時間。

7. 你有很多事情需要去做，這時一個好朋友給你打電話，她說需要你晚上去陪她，因為她感情上出現了危機，她想向你傾訴。這時你會：

A. 馬上去她家。

B. 開始你也是猶豫不定，但還是去了她家。

C. 告訴她你會過去但是你需要先花幾小時把事情做完再去。

D. 告訴她你今天太忙了，不能陪她。

8. 晚上有個你特別感興趣的課程要去學，但是你的愛人想在那天晚上用車，並且他(她)認為他(她)的需求比你的更重要，你會：

A. 放棄上課的念頭，儘管你感到很失望。

B. 跟他(她)解釋一下上課的事，提議你們應該達成妥協，例如讓他(她)下課後去接你。

C. 告訴他(她)這次該你用了，並且這次你一定要用這輛車。

D. 你沒必要和他(她)商量，你已經告訴他(她)你有課了。

9. 有個同事總說要和你一起吃頓飯，討論一下你們的共同之處。有一次辦公室裏只有你倆了，他強烈要求這週和你一起吃飯，你會：

A. 不假思索地同意。

B. 有些顧慮，但還是同意了。

C. 去一起吃飯，但把談話的主題放在工作上。

D. 明白地告訴他你只想和他保持工作關係，不想單獨和他進行社會交往。

◎計分標準：

你選擇 A、B、C、D 的個數分別是：

A_____個；B_____個；C_____個；D_____個。

◎測試分析：

選項多數為 A：你不太懂得拒絕。你靈活變通，但你通常要為此付出代價。別人會「剝削」你，而且他們確實這樣做了。有時候人們很難對不維護自己利益的人懷有敬意。你傳達給別人的信息是：你是個逆來臁受的人。

選擇多數為 B：你是一個出色的外交家，你不願傷害別人的感受。

選擇多數為 C：你可以很得體但很堅決地拒絕別人，你可以很好地平衡你與別人的需求。

選擇多數為 D：你按照自己的方式生活，你可以毫無困難地說「不」。你在自己認為可以接受和不可以接受的事情中間畫了一條清晰的界限。

测试三十八

你的圓滑度有多高

在很多人的眼裏圓滑是一個貶義詞，其實在社交中適當的圓滑，是可以改善自己的人際關係的，那麼你的社交圓滑度有多高？

1.有人約你去參加公益活動，你會？

A.非常願意(1 分)　B.找藉口迴避(2 分)

C.雖然沒有什麼興趣還是勉強答應(4 分)

2.在你遇到困難時，你會請求什麼人幫助你？

A.那一兩個真心的朋友(2 分)

B.無所謂，感覺誰能幫就去找誰(5分)

C.能說明我的人(1分)

3.到了月底已經是囊中羞澀，這時候朋友約你出去玩，你會？

A.車到山前必有路，先出去玩了再說(5分)

B.用「我沒有錢了」一口拒絕(2分)

C.看能否借到錢再考慮是否應約(1分)

4.閨中密友過生日，你會送她什麼禮物？

A.送自己最喜歡的東西(1分)

B.認真考慮她是否會喜歡，然後決定送什麼(5分)

C.送她比較實際也很實惠的日常用品(2分)

5.送新年賀卡時，你都要送給誰？

A.只送給非常熟悉的人，如果不太熟悉的人送我，我再回送一份(4分)

B.不論是否熟悉，只要認識的人，我都會送一份(5分)

C.從來不送(1分)

6.有人放你鴿子，你會怎麼想？

A.如果理由充分，那麼可以理解、接受(5分)

B.不管有什麼理由，突然取消約會就是不對的，不能原諒(2分)

C.以後也放他一次(4分)

7.不是很熟悉的人向你提出借你一個月薪資(一個月零花錢)的總數，你會？

A.心裏想就算他不還也沒有關係，大方地借給他(1分)

B.借給他，但是以後常常提醒他還錢(3分)

C.婉言推辭，不想借給他(5分)

8.走在你前面的人突然痛苦地蹲了下去，你會怎麼辦？

A. 熱心地上前詢問：「沒事吧？」(4 分)

B. 很好奇地看看他到底在做什麼(2 分)

C. 照常走自己的路，不理他(1 分)

9. 朋友突然到訪，這時屋子裏亂七八糟的，你會？

A. 說一句「太亂了，對不起」，把朋友讓進屋裏(2 分)

B. 讓朋友先在附近茶吧裏等等，自己收拾好了再請他進來(5 分)

C. 立刻帶著朋友出去玩，不在家中停留(4 分)

10. 如果你的家人反對你跟戀人在一起，你會怎麼辦？

A. 不管誰反對，都要將愛情堅持到底(1 分)

B. 和他(她)秘密行動，雙方都不會傷害(5 分)

C. 認真考慮一下大家的意見(4 分)

◎測試分析：

12～20 分：你總是用冷靜的、理性的思維方式思考問題，你不輕易流露感情是優點，但有時也是你缺乏想像力的表現。

21～30 分：你是不是很難張口說出一些客套話或者恭維話？另外，你這個人很清高，不願意為遷就他人而說謊。

31～40 分：對自己原本感到厭惡的人，卻要裝出一副笑臉，有時候自己也感到噁心了。

41～48 分：你富於共性的特質，別人哭你也哭，別人笑你也笑，表情隨時都在變化。你也非常認真，絲毫不認為這是在演戲，只是條件反射，不知不覺地感受到別人的心情。

精彩文章 1

情商是可以學習而獲得的

心理學界有一種這樣的說法：智商(Intelligence Quotient，簡稱 IQ)是一種與生俱來的能力，後天的改變只能改變它的表達方式，而情商(Emotional Quotient，簡稱 EQ)則是一種自我管理情緒的能力，是在後天的學習中一點點積累起來的。

所謂的情商，其實就是人類在對自我的瞭解、對自我的管理、對自我的激勵、對人際關係的處理以及對於自己和他人情緒控制的過程中，透過一些社會信號所表現出來的一種社會心理智慧。

一直以來，都有一個問題困擾著當代人——決定一個人能否成功的最重要因素是什麼？

或許很多人會回答智商、受教育程度、家庭背景等。然而，哈佛大學教授、著名心理學家丹尼爾· 戈爾曼在其風靡世界的《情感智商》一書中提出：在使人成功的主觀精神因素中，智商只對成功起到 20%的作用，而剩下的 80%則統統由情商來分配。

最有說服力的反例就是美國著名的總統佛蘭克林· 羅斯福和喬治· 華盛頓。這兩位美國總統都是出了名的「資質平庸」，但是，在從政期間，兩人的表現卻十分優秀，他們不僅得到了民眾的厚愛，還贏得了白宮上下的一片讚譽。如果對其原因進行深究，我們可以得出這樣的結論：情商決定命運。

決定一個人社會地位的重要因素是什麼？答案並不唯一。但是許多研究結果顯示，相比高智商的人，高情商的人在人生的各個領域都佔盡優勢，無論是談戀愛、人際關係，還是在主宰個人命運等方面，其成功的概率都是比較大的。

也許有人說：「那我天生情商低怎麼辦？」

其實，這個問題無須煩惱，情商有天生的差異，但是後天的影響也不容小覷。在哈佛大學，情商課是被視為和幼兒智力啟蒙一樣重要的情感開發課。後天的培養是提高情商最重要的途徑之一，一個人的大腦總是在反覆地積累經驗，情商就是在這慢慢積累中產生的。如果你學會了怎樣審視和瞭解自己，學會了怎樣激勵和鼓舞自己，學會了怎樣管理和控制情緒，你將不會再無助地聽任消極情緒的擺佈，你將從容地面對痛苦、憂慮、憤怒和恐懼等各種情緒，而且，你還會發現自己能輕而易舉地駕馭它們。一旦駕馭了它們，也就能駕馭一切。

精彩文章 2

高智商不代表一定會成功

IQ，即智力商數，簡稱「智商」，是透過各項標準測試以測量一個人在某一年齡段的智力發展水準，是人類認識客觀世界並以其所擁有的知識和經驗解決實際問題的能力，包括觀察力、想像力、記憶力、應變力、思維能力以及分析判斷能力等。

一個人的智商比較高，就說明這個人比較聰明，大腦比較靈活。

那麼，我們是否瞭解「智商」一詞的真正內涵呢？智商高的人成功的概率會不會比常人更大呢？

1916 年，特曼推出了一個公式——智商＝智齡÷年齡×100。1995 年，中國科技大學葉國華又提出一種新的判定方法。在他看來，智商的優勢主要表現在記憶和思維兩個方面——記憶佔 40 分，思維佔 60 分。智商高低如何測量呢？有關的測量專家以「離差智商」的概念表達一個人的智力高低。即以一個人在其同齡中的位置，透過測試算出其偏離平均值的標準差作為衡量。舉個例子，兩個不同年齡的人，其中一人的 IQ 測試得分高於其同齡者的平均值，另一人的分數低於同齡人的平均值，則前者 IQ 高於後者。具體而言，離差智商測試公式為：

$$IQ=100+152=100+15(X-M)/S$$

（其中 Z＝標準分數，X＝某人在測試中的實得分數，M＝人們在測試中取得的平均分數，S＝該組人群分數的標準差。）

舉例而言，在 1000 名測試者中，分數平均值為 20，標準值為 4，那麼，其中得分為 24 的人智商為 100+15×(24－20)/4＝115。一般來說，普通人的智商為 100 上下。

很顯然，IQ 高的人，觀察力、想像力、應變力等諸多方面均優於普通人，其中任何一項不足，均可能影響得分。通俗點說，你可以理解為高智商的人，是各個方面都很優秀的人。但這就引發了另外一個問題：高智商的人是不是就等於成功的人呢？

19 世紀末，一名叫 Sidis 的「神童」誕生於紐約，他具有異乎常人的數學和語言天賦。6 個月時，Sidis 已能拼寫 26 個字母；1 歲半時，可閱讀《紐約時報》；2 歲時自學拉丁文，3 歲時自學希臘文；4 歲的時候能閱讀希臘文寫成的《荷馬史詩》和拉丁文寫成的高盧戰爭；6 歲的時候開始自學解剖學和亞里斯多德的邏輯學，並寫了兩本解剖學和天文學的書；7 歲的時候，他通過了哈佛大學醫學院的入學測試；9 歲時在哈佛大學做四維空間講座，並通過了哈佛大學入學測試；10 歲時就能夠修正哈佛大學邏輯學教科書稿的錯誤；11 歲時，精通高等數學和天體運動。據坊間傳聞，Sidis 一天可以學會一門外語，他高中畢業的時候已經精通希臘語、拉丁語、俄語、德語、亞美尼亞語、土耳其語……可在 200 多種語言間進行有效翻譯。Sidis 被視為人類有史以來最高智商的人，很多人相信他的智商高達 300。這樣一個絕頂聰明的人，按照很多人的想像，他應該會獲取巨大的成功。但事實如何呢？小時候的 Sidis 雖然盡顯神童威力，但是長大以後 Sidis 並沒有達到大家的期望。相反，Sidis 一生窮困潦倒，與社會格格不入。成年後，他放棄學術生涯，成了一名印刷工。46 歲時，一事無成的 Sidis 悄無聲息地死於一間出租屋裏。

Sidis 的故事告訴了我們一件事情——高智商並不等於成功，「神童」和「天才」不過是他人生中的一個歷程，充其量是一個階段性的勝利，卻不是永久性的。

一個人能否成功，他的智商所起的作用似乎沒有你想像中那麼重要。

笨鳥先飛，這是為什麼？因為智商高的人，習慣於用腦想，當他們還在思考時，智商不高的人，就已經要開始行動了，這是第一點。其二，智商高，IQ 測試分數高，只能說明各方面均很優秀。

世界上的天才有很多，文豪普希金數學很差，解任何題，均以「0」為答案，可以想像，假如讓他測試 IQ，也只有拿低分的份了。但是大家都不會質疑他是一個成功的人。再說諾貝爾獎獲得者費曼，他是人們眼中的天才，但事實上他的智商只有 120，智商明顯低於在理論物理領域獲得輝煌成就並獲得諾貝爾獎的人，他們的平均智商為140。所以有人說，費曼最令人敬佩的不是他獲得諾貝爾獎，而是他以 120 的智商獲得了諾貝爾獎。

其實影響 IQ 得分的因素是很多的，譬如有一些人，他的想像力很豐富，但是相對的，他的注意力就會差一點，這也會影響到他的 IQ 得分，然而憑藉他超乎常人的想像力，可以在繪畫、設計等藝術方面取得成就。這樣的例子可謂是不勝枚舉。

智商高的人，離成功的路更近，是不是就等於更容易獲得成功呢？答案是「NO」。

心理學家丹尼爾· 戈尼曼經過研究得出了結論：當一個人選擇自己的生意夥伴時，第一選擇是與自己信任的人合作。從這層意義上講，一個人的情商、德商(道德智商)等對一個人的生意成功與否影響更大。簡單來說，擁有更高的情商和德商，更能賺錢。除了做生意，其餘方面的事業，道理也是一樣的。以林肯為例，他並沒擁有很高的智商，例如洞察力、應變力等都不算出色(在南北戰爭期間的數次判斷失誤足以證明這點)，但更多人願意擁護他作領導。

由以上兩點可以得出這樣的結論：高智商並不意味著成功，智商是一個人取得成功的重要因素之一，但絕不是決定因素。美國俄亥俄州州立大學人類資源研究中心的科學家曾經進行了一項有名的調查，結果表明：擁有高智商的人，不一定能賺到大錢，不一定可以成為領導者，並有更大的概率面臨財政困難。科學家推斷，高智商者容易獲得成功，所以他們比普通人更加自信，但是由於缺乏均衡意識，當外界環境發生變化時，他們對於不同意見鮮少採納，閉目塞聽，容易脫離實際。

精彩文章 3

情商才是成功的助力器

情商可以歸納為五個階段——第一是自我認識，能時時處處感受到自己的情緒變化，觀察和審視自己的情緒是情商的入門課，也就是基礎；第二是自我管理，就是讓情緒在你的掌控範圍內，使它適時、適度地表現展現出來；第三是自我激勵，懂得自我激勵的人往往更容易獲得成功，因為他們更懂得如何在低谷中讓自己振作起來，保持樂觀積極的心態；第四是識別他人的情緒，要細心觀察和感受他人的情緒、需求以及欲望，這樣才能更好地與人相處；第五是善於協調與他人的關係，如何化干戈為玉帛這就要看你的情商高低了。

情商不像智商一樣，可以用測試方式準確地計算出來。因為情商是可以培養的，不像智商那樣具有穩定性。情商不是靠學習和考試就能培養出來的，只與個人的綜合素質有關，所以人們往往透過一些實驗來測評情商。

曾經有一位社會學家對美國伊利諾州一間中學的 81 位高材生進行了調查，這些人都是學校裏面的 IQ 之冠，並且以優異的成績上了大學。等到這些人都年滿 30 歲之後，再次對這些當年的高材生做了調查，結果這些當年的高材生令人非常失望，這幫人中超過一半的人表現一般，他們的工作大多十分普通，甚至有的人做了收垃圾的工作，很顯然，這些當年被人認為智商很高的高材生，基本上都不如 EQ 比較高的學生。

為什麼會有這樣的結果？很簡單，一個高智商的人在面對人生坎坷和機會的時候不一定都能做出適當的反應。這就是我們為什麼要說情商比起智商來說是十分重要的。

美國一家跨國公司為了提高領導者的能力，決定制訂一個計劃，這個計劃對於公司來說，非常急迫，他們知道一個跨國公司想要生存下去，必須要有一些東西來幫助這些領導者們和管理層們。在長達幾個月的談論之後，領導高層的人們透過不斷觀察，總結出想要讓這次計劃獲得成功，那就要從管理層人士的情商、情感上下手。後來具體的計劃是這樣的，請公司內部的 100 位領導者進行一次揭幕儀式，由董事會主席主持。他們用一種和平和諧的方式探討過去、現在和未來，這個小圈子一直處於一個很和諧的狀態，大家暢談得十分開心，這些領導者也對彼此和員工更加瞭解。最後，董事會經討論選擇出了情商較高的十名管理層人士進行了提升。這些人的智商並不高，但是從管理上和員工的交流上都非常得體。結果恰恰是這 10 位智商不高的管理層人士，使這家跨國公司完成了一輪新的蛻變。

這個實驗說明，高情商和個人的成功是有著密切關係的。三分做事七分做人，做事的三分其實就是智商，做人的七分就是情商了。雖然心理學家們承認情商有遺傳和成長環境的重大影響，但這並不意味著人們在後天對情商訓練的無力。我們無法預定智商，卻可以提高情商，一個傑出的人未必有著高智商，卻一定有著高情商。

提高情商其實有著簡而易行的方法，你需要的就是堅持。要訓練自己的高情商，需要明確自己的目標：尊重所有人的人權和人格尊嚴；不將自己的價值觀強加於人；對自己有清醒的認識，能承受壓力；自信而不自滿；人際關係良好；善於處理生活中遇到的各方面的問題。要學會劃定恰當的心理界限；找一個適合自己的方法，在感覺快要失去理智時使自己平靜下來，從而使血液留在大腦裏，做出理智的行動；想抱怨時，停一下先自問：「我是想繼續忍受這看起來無法改變的情形呢，還是想改變它呢？」找一個生活中鮮活的榜樣；時不時嘗試另一種完全不同的方式，你會拓寬視野，提高情商。

精彩文章 4

認識你自己

教授每次開始講第一節課，都會先跟學生們講一個古希臘的神話故事——斯芬克斯之謎：

庇比斯城的人民得罪了天神，天神十分惱怒，就降下一個名叫斯芬克斯的女妖怪來懲罰庇比斯城的人民。斯芬克斯獅身人面，上半身是一個美女，下半身卻是獅子，她的背後還長著翅膀。她就蹲在庇比斯城必經的道路上，向庇比斯的過路人講一個謎語，如果過路人猜不出來就要被吃掉：「是什麼東西在早晨的時候用四隻腳走路，中午的時候用兩隻腳走路，而晚上的時候卻用三隻腳走路，而且當這個生物腳最多的時候，正是他的力量最弱、速度最慢的時候？」面對這個深奧費解的謎語，過路的行人沒有一個能猜中的，全都被吃掉了。

這時，一個聰明又勇敢的叫俄狄浦斯的年輕人聽說了這件事情，主動要求會見女妖。見到了斯芬克斯之後，俄狄浦斯回答道：「這個謎語的謎底是人。如果把人的一生濃縮為一天，那麼在早晨的時候，他還是個嬰兒，用四肢爬行；而到了中午，他就長成了一個壯年人，可以用兩隻腳走路；而到了人生的晚上，他已經變成了一個老年人，需要借助一根拐杖行走，所以是三隻腳。」俄狄浦斯答對了，斯芬克斯也因為羞愧墜崖而死。

每當講到這裏，教授就會感慨地說：「『斯芬克斯之謎』對今天的人們來說已經不再是難題了，可是人還是最難瞭解自己。因為人是很難看清自己的，所謂『當局者迷』。可是只有真正地瞭解自我，瞭解自己的能力和缺陷所在，瞭解自己內心對於生活和事業的真正的需求與渴望，才能在人生的路途中明確自己的方向，領悟生命的要義，感受生活的真諦。人生的路崎嶇坎坷，沒有人能夠一帆風順，也只有認清了自己，才能在面對挫折和委屈的時候，忍耐下去，不覺得懊悔，活出自我。」

教授告訴學生們，如果一個人想在一生中有所建樹，首先就要好好地瞭解自己。人最難瞭解，最難戰勝的對手永遠是自己，如果你能認識自己，你就能變得非常強大，充滿正能量。

事實上，很多上過哈佛情感課程的年輕人，後來在社會上都很有成就，據他們回憶，這與教授提醒和要求他們清楚地認識自己，有著密不可分的關係。正確地認識自己，包括認識生理上的自己、心理上的自己和社會中的自己，為自己找到準確的自我定位。然後從自我的定位出發，在生命的旅途中，找尋自己的方向和適合的東西，這樣才能在面對一次次選擇的時候，做出正確的判斷，做出最佳的自己。

精彩文章5

培養忍耐力

培養忍耐力被視為提升情商最重要一課。忍耐，是對困境的忍，是對不公的忍，更是對他人的忍。要想成事，就先得忍受風浪的摧殘，忍受自己的不足，忍受他人的攻擊。

林肯是美國歷史上「特別」的總統，之所以說是特別，除了因為他是美國十九世紀最偉大的總統，美國歷史上的「偉大解放者」，更是因為他出身於貧寒卑微的鞋匠家庭，在當時注重出身的年代，其入主白宮可謂前無古人。但是他卻取得了前所未有的政績，那他成功的秘訣是什麼呢？讓我們看看關於林肯的例子。

林肯的一生是多姿多彩的一生，除了鮮花和掌聲之外，他也經歷了無數次的失敗。

22 歲的時候，因為經營不當，經商失敗。23 歲的時候，他競選議員，卻意外落敗。24 歲的時候，他再次經商，結果還是失敗。兩年之後，他的情人意外身亡。情人的去世給了他很大的打擊，他幾乎處於精神崩潰的狀態。但是在 29 歲的時候，他又一次出現在競選州長的演講臺上，可是依然失敗了。10 年後，林肯決定在國會眾議院中連任，再次競選，沒想到也失敗了。46 歲的時候，他參選參議員，結果還是失敗，一年之後，他參選副總統，更是失敗。兩年之後，他又一次站上了演講台，參選參議員，結果還是失敗了。

這麼多失敗經歷的打擊，或許很多人早就放棄了，可是林肯沒有。他之所以一次一次在失敗後站起來，就是因為他學會了忍耐。忍耐，不是妥協，不是放棄，而是為自己積蓄更多的力量。

林肯當上總統之後，經常發表演講。在一次演講中，一位小夥子遞過來一張紙條，林肯打開紙條一看，上面寫著兩個字：傻瓜。林肯不但沒有惱怒，而是十分和藹地說：「我經常收到匿名信的，通常的匿名信都是有正文，沒有署名，可是這封信只有署名，卻沒有正文。」林肯說完這些話，台下的人都笑了。林肯則絲毫沒有受到打擾，而是繼續他的演講。

林肯並非大智大慧之人，也並不是擁有什麼過人之技，他的成就，可以說是歸功於他過人的情商，其中首要因素是忍耐力，對困難的忍耐和對他人的容忍。

事業的成敗依賴於情商的高低，一個人情商的高低又取決於對情緒控制的成敗。控制情緒的方法不外有二：一為抑制衝動，二為調節情緒狀態。培養忍耐力，即是控制自己的本能衝動，等控制住自己的衝動後，心平氣和了才能更好地調節情緒。

「衝動是魔鬼」，這魔鬼一旦衝破理智的束縛，就如脫韁的野馬，禍害蔓延，就將造成緊張的人際關係，生活和事業受挫。一個人一旦沒有控制住自己的情緒，那麼你之前做的所有努力都將功虧一簣。在衝動情緒中，憤怒的級別又是最高的。哈佛情商專家認為，控制憤怒情緒是情商課的重要內容，一個缺乏忍耐力，愛發脾氣之人，不僅是在向全世界展現你的品行是如何不佳，而且人人都會漸漸疏離你，因為沒有人會願意跟一個火藥罐做朋友的，可真謂是損人而不利己的雙重損害。

精彩文章 6

壓力管理是造就動力

一個情商高手，必定也是一個管理壓力的高手。

「家家有本難念的經」，同樣，每個人都有自己的壓力，這種壓力或是緣於生活，或緣於親友，或是來源於自身一些不切實際的想法。現代社會人口眾多，資源卻是有限的，激烈的鬥爭讓人產生了壓力；快速的社會節奏，緊張的生活進度，讓人非常有壓力；物質的豐富充裕伴隨著人們欲望的不斷膨脹，也一樣讓人產生了無限的壓力……所以壓力是無處不在的，無孔不入的。

在壓力之下，人們往往容易情緒失控，然後出現脾氣暴躁、坐立不安等一系列的狀況，而這正是提升情商的大忌。現在社會上有許多人都不懂得釋放自己的壓力，管理自己的壓力，於是患上了心理疾病。

那我們究竟要如何化壓力為動力呢？簡單地說，是憑藉壓力挖掘自己的潛力，關於這點，我們可以看下面一個有名的實驗：

在麻省理工學院，實驗人員將一個小南瓜以密集的鐵圈箍住，以測試南瓜長大所能承受的壓力。起初，實驗人員認為這顆小南瓜最多能承受 500 磅(相當於 226.8 千克)壓力。但在第一個月中，這顆成長中的南瓜承受的壓力就達到了 500 磅；到了第二個月，記錄顯示是 1500 磅。當承受力超過 2000 磅的壓力後，這顆南瓜居然撐開了鐵圈的壓迫。於是研究人員又給南瓜加固鐵圈繼續記錄資料。最後，南瓜是在承受了 5000 磅壓力的基礎上才破裂的。當實驗人員切開南瓜來觀察的時候，發現這顆南瓜已經不能食用，南瓜週圍長滿了堅韌的密密麻麻的纖維。實驗人員又觀察了這顆南瓜的根部，結果發現它的根向各個方向伸展，以盡可能地吸收養分，其總長度達到了 8 萬英尺。

一顆小小的，原本又硬又脆的南瓜，在面對巨大的壓力時，迸發出了令人難以想像的力量。更何況是我們呢？只要我們能好好管理壓力，一定能迸發出意想不到的力量。在壓力面前，我們也可以借此充分挖掘自己的能量，永不退縮，這能讓我們變得更加強大。

當面臨壓力，無法躲避的我們，不妨當成一個磨煉自己的機會，積極並且勇敢地去面對，化壓力為動力。壓力並不可怕，可怕的是我們在壓力面前首先垮了鬥志。

精彩文章 7

做個高 EQ 的情緒達人

過度的享樂常常讓人嗤之以鼻，世人都認為這是一種自甘墮落的表現，但是不是生活總是一絲不苟、嚴謹有序就是一件好事呢？這可不一定，如果過度控制自己的情緒，可能反而會產生負面的影響，生活變得了無趣味。

洛克菲勒被認為是美國歷史上最有錢的人。從 23 歲起，他就猶如機器人一樣向自己的目標前進，他冷靜並且執著到幾近變態。他的一個朋友這樣形容他：「除了生意上的好消息外，他不會為任何事感到高興。他談成一筆生意，賺到一筆錢時，會高興得就地跳舞，把帽子甩在地上；當生意失敗時，他會因此病倒。」

憑藉著這份對事業的執著，洛克菲勒取得了無人能及的成功。但就在人生頂峰，他的私人世界崩潰了，無數人譴責這位石油大王的不擇手段。被他無情打壓的失敗的競爭者，將他的人像吊在樹上。充滿攻擊性的信件雪片似的被送到他的辦公室，很多人威脅著要刺殺他。洛克菲勒不得不僱用無數保鏢保護自己。

面對群眾的憤怒，儘管洛克菲勒開始還嘴硬地回應說：「無論你們怎麼攻擊我，我都將按照我的方式行事。」但他的身體已經難以承受巨大的壓力，消化不良、掉頭髮、精神緊張等，他的身體幾乎無法承擔。著名的傳記女作家伊達· 塔貝，被洛克菲勒與年齡不符的衰老嚇著，她寫道：「我從未見過像他這樣蒼老的人。」醫生給了他兩個選擇：死亡，或者退休。

洛克菲勒毫無疑問是一個成功者，為了成功，他的付出和犧牲無人能知，但是最後卻因為精神緊張白白斷送了自己的全部成就。哈佛情商課中，既教人勿常生享樂主義思想，又力主進行適當的放鬆。在生活中，我們總難免出現緊張情緒，如果我們對這種緊張情緒視而不見，想將之壓下，其結果很可能出現例子中洛克菲勒的境況——沒將緊張情緒壓下不說，反而被緊張情緒壓垮。

高情商的人，懂得適當地放鬆自己，讓自己能在更輕鬆的情緒中工作。這種輕鬆情緒下的工作效率，也遠遠比自己逼著自己前進要高。這就像在學習中「我要學」和「要我學」的區別。

既然壓抑自己的情緒會後患無窮，那我們應當如何以適當的方式放鬆自己？

醫生給高壓下的洛克菲勒開了三個藥方：避免煩惱；放鬆心情；注意節食。

洛克菲勒於 57 歲時退休，此時正值他事業的頂峰。在退休以後，他學習高爾夫球，自己動手做家務，整理庭院，每天和鄰居們打牌聊天唱歌，過得不亦樂乎。他開始停止賺錢的想法，並從一個被人們視為「野心家」的角色轉變為慈善家。

他捐出一筆錢給教堂時，全美國的傳教士齊聲反對，稱之為「腐敗的金錢」。但這沒有改變洛克菲勒為慈善努力的心思。他繼續捐錢，得知芝加哥有一所學院由於財政問題將被迫關閉時，他捐出了數百萬美金，後者成了現在聞名世界的芝加哥大學。

為了更好地把錢捐出去，他成立了洛克菲勒基金會，支持科研、教育等事業。盤尼西林就是在他的捐款下被研製出來，拯救了無數人的生命。就這樣，洛克菲勒成了一名名副其實的慈善家，在前半生受盡譴責之餘，還收穫了無數人的感恩。他的餘生也因此再無煩惱。

調整情緒，要對症下藥，心病還要心藥醫，從引起壞情緒的根源著手，調整自己對事件的認識對調整自己的情緒非常有效。再者，當面臨壓力時還要學會採取一些心理防禦手段，為我們提供了不少「防禦」壞情緒侵蝕的有效方法。

最簡單的微笑也是淡化消極情緒的有效辦法之一。科學家表明，笑的時候可以牽動腹肌的收縮運送和膈肌的上下震動，對內臟各器官形成一種推壓按摩的作用，使毛細血管功能增強，促進靜脈和淋巴液的回流，從而減輕了心臟的負擔。笑的時候，大腦皮層能形成一個特殊的興奮灶，並抑制其餘區域，使大腦得到很好的休息。笑可牽動 13 塊笑肌的運動，讓人容光煥發，情緒大好，這或許是很多人把微笑比作陽光的原因。

精彩文章 8

做自己情緒的主人

上天賜予每個人機會展示自己，不要一受到別人誤解就心灰意冷，只要善於調節和掌握自己的情緒，就能在人生的旅途中笑到最後。

皮爾斯是運營部最年輕的部長提名人選，明天就是他競職演講的日子。今天他早早下班回家，打開筆記本電腦裏精心準備許久的演講稿，開始為明天的競職做準備。可是，也許今天真的是糟糕的一天，皮爾斯剛在餐桌前打開電腦，吉爾這隻瘋狂的小狗就躥到了餐桌上，打翻了他的牛奶杯，杯子裏的牛奶灑滿了皮爾斯的筆記本鍵盤。瞬間，電腦短路，演講稿頃刻間化為烏有。

更糟糕的事情還在後面。

皮爾斯剛為這事懊惱不已，他發現自己竟然沒有對演講稿進行備份，相關資料可是他用了兩個月的時間搜集整理出來的。皮爾斯對自己的狗狗發火，但也無濟於事。他懊惱地癱坐在沙發上，一下子像洩了氣的皮球。

此時，妻子在廚房裏看到了發生的一切。她告訴皮爾斯，演講的方式有很多種，不要因為一次失誤就讓自己的心情被氣憤主宰，這樣的結果只能是自己被情緒帶著走，成為情緒的奴隸，而對事情的進展毫無幫助。現在你需要做的就是調整思路，趕快想出新的點子來面對明天的演講。

皮爾斯面對如此突如其來的狀況，他沉思良久，突然一個念頭閃現：他決定從今天的教訓開始演講，結合運營部本身的工作要求與自己處理問題的態度進行演講。最終他沒有那些資料依然贏得了職位。

不要在小煩惱中痛苦糾結，解放自己的心靈，做自己情緒的主人，也許，這個時候正是好運的開始。

用理智和意志來控制情緒，積極努力去尋找解決問題的辦法，而不是陷入情緒的怪圈。要知道，在情緒中徘徊的人會成為情緒的奴隸，從某種程度上講，能夠控制自己的情緒就意味著主宰了自己的命運。

精彩文章 9

控制你的衝動

衝動控制不僅是讓人避免或減少犯錯的必要手段，對一個人的人生之路亦有關鍵性的影響：要實現自己的目標，便需要擁有控制衝動的能力。無論成才，還是行事，均需要過人的自制力。俗話說：「吃得苦中苦，方為人上人。」「忍字心頭一把刀」。這些說的就是平時對衝動的控制，也就是忍耐對於成功的巨大幫助。

控制衝動，是情緒控制的基礎，因為所有情緒的控制都是以此為基礎，英語中「情緒」的原意即為行動，一個人的任何情緒，都會使其產生去做某一件事的衝動。衝動控制，要求我們在某種不正確的念頭產生之際就將它扼殺於「搖籃」中。如果任這種衝動轉化為行動，我們很有可能會犯下難以彌補的過錯。

著名的潘朵拉魔盒典故便由衝動所造成：傳言宙斯惱恨普羅米修士盜走天火，遂存心報復，他命令火神黑菲斯塔斯以水和土造出了一個美麗的女人，再令愛神阿芙洛狄忒賜予她讓男人瘋狂的激素，又讓赫拉、雅典娜、赫爾墨斯等傳授她各項技能，這個擁有眾神諸多優點的女人，被命名為潘朵拉。「潘」在希臘語中意為所有，「朵拉」是指禮物。「潘朵拉」，即是擁有所有天賦的女人。

潘朵拉這一帶著千般天賦的禍水被造出來後，宙斯令赫爾墨斯將他帶到普羅米修士的弟弟「後覺者」(即後知後覺的意思)埃庇米修斯跟前，並把潘朵拉贈給後者。生性愚鈍的埃庇米修斯接受了充滿美貌和誘惑的潘朵拉。

有一天，普羅米修士給埃庇米修斯帶回了一個盒子，離開前叮囑弟弟千萬不能打開這個盒子。後知後覺的埃庇米修斯自然不會去打開這個盒子，但潘朵拉卻充滿了好奇心，尤其是普羅米修士的千叮萬囑更是讓她心動不已。在她看來，一個普普通通的盒子，被藏得如此隱秘，又蓋得很緊，這幾乎是件難以想像的事。

潘朵拉的衝動與日俱增。終於有一天，她趁埃庇米修斯外出的機會，悄悄地打開了盒子。頓時，裏面的災難、瘟疫、禍害、野心等等都飛了出來。在慌亂中，潘朵拉趕緊把盒子關上，結果裏面僅剩的「希望」被關在裏面，人間從此充滿災難和瘟疫。這就是「潘朵拉魔盒」的由來。

我們常說，「衝動是魔鬼」，雖然是調侃，可是這句話的寓意和潘朵拉魔盒這個故事的寓意可謂殊途同歸。缺乏自制力，總會讓我們咽下難言的惡果。而尤為重要的是，缺乏自制力的人，很有可能會缺乏生活的目標，或者是有了目標也無法很好地往目標方向努力，三心二意，經不起挫折，最終釀就失敗的人生。

如果一個人能有著比較強的自制力，那麼就能在自我發展的過程中，不斷糾正自己可能存在的偏頗之處，向著自己的目標大踏步地前進，避免走彎路。

精彩文章 10

把眼光放遠一些

所有成功人士都不會把眼光局限於眼前的情景，鼠目寸光是愚蠢的行為，要想成就大事，就必須將眼光放長遠，不能只局限於看得見摸得著的眼前利益。這是因為人生就像一條長長的路，只有明確了自己的人生方向，才能走得更好。年輕人要想成就一番事業，就要將眼光放得長遠一些，用遠大的志向來激勵自己，並為此付出辛勞和汗水。

很多成就了大事業、取得了大成就的人，都是在年輕時期就已經有了很大的志向、遠大的抱負，幾乎都是將自己的願望和其他人緊密地結合在一起，有利於其他人的，像周恩來總理在年輕的時候發出過「為中華之崛起而讀書」的吶喊；陳勝在做佃農的時候就發出過「燕雀安知鴻鵠之志哉」的慨歎；而蘋果公司的前任 CEO 約伯斯之所以能在全球範圍內取得成功，也和他有著不同於一般人的遠見卓識是分不開的。就是因為有著長遠的目光如此重要的指引性作用，在哈佛的情商課堂中，培養長遠的目光並堅信它，也就成為了不可或缺的一課。

什麼是長遠的目光呢？這就是在你心中浮現的關於未來的情景應該是什麼樣子的畫面。然而很多人關於未來的圖畫是模糊不清的，甚至根本沒有想過未來到底是什麼樣子的。這當然會導致日後的碌碌無為，所謂：「人無遠慮，必有近憂」，也就是講的這種情況。對於未來獨到的眼光能夠指引你更好的前進。

哈佛大學的一個著名的心理學教授每當在講到關於遠見卓識的作用時，都會非常感慨地提到拿破崙· 希爾——《成功定律》一書的作者。拿破崙· 希爾從事對美國成功人士的研究工作。他是美國歷史上、也是世界上最偉大的勵志大師，是他創建了成功的哲學，提出了十七項成功原則。他持久的熱情和本人的成功過程，鼓舞了千百萬人，所以他被人尊敬地稱為「百萬富翁的創造者」。拿破崙· 希爾本人成功的歷程，也非常值得人深思：是對於未來卓越的眼光最終造就了他的成功。

在 1908 年的時候，一個叫做拿破崙· 希爾的年輕人去拜訪了當時美國最富有的人——鋼鐵大王卡耐基。卡耐基不愧為人際關係學家和可敬的導師，在與希爾交談過後，很快地發現了希爾身上的潛質，就向拿破崙· 希爾提出可以給他一個機會，用自己私人的關係帶著希爾拜訪美國政界、工商界、科學界、金融界等已經取得了卓越成就的高層人士。不過卡耐基表示，要有這個機會必須答應自己一個條件：希爾在未來的 20 年時間裏必須將全部的時間和精力都投入到研究成功人士的成功哲學當中去，並且除了為希爾寫介紹信和帶希爾拜訪這些成功人士之外，卡耐基不會給拿破崙，希爾提供任何的經濟支援。

這樣的條件如果是一般人聽到的話也許不會答應，因為這 20 年時間是無比珍貴的青春時光，正值希爾年富力強的時期，也許好好利用的話能為自身創造出很大的利潤。一文不取地為這位富翁工作 20 年，對一般人來說也許是吃了大虧的。但是拿破崙· 希爾的想法是不同於一般人的，他的眼光很長遠，看到了 20 年之後的成功景象。很多年之後當希爾回憶起往事，他提到了當年的想法：之所以不像一般的人認為的那樣，覺得為全國最富有的人無償工作 20 年太吃虧，是因為自己看到了為這位富翁工作的光明前途。而如果想有不可限量的前途，就必須為這位富翁工作，雖然要吃虧，但是也值得。

而拿破崙· 希爾的最終結果就像他預期的那樣，獲得了遠比他應得的回報多得多。在他接受了卡耐基的建議後的 20 年中，卡耐基帶領希爾拜訪了美國包括羅斯福、福特、洛克菲勒、愛迪生、貝爾在內的 500 多位成功人士。經過深入地研究，拿破崙· 希爾終於寫出了具有跨時代意義的八卷本著作《成功定律》，他本人也變成了羅斯福總統的顧問。

拿破崙· 希爾就是因為擁有長遠的眼光，才能忍受長達 20 年的無薪勞動，最後終於獲得了成功。現代人生活的時代是資訊爆炸的時代，而且現代社會人與人之間的關係、行業之間的關係、企業之間的關係都變得空前複雜，要想成功就需要更大的勇氣和更好的方法。如果能破除重重複雜而糾纏的迷霧，對未來的發展有著獨特而清晰的認識，那麼就一定能走在同時代人的前列，最終獲得成功。

要想擁有高明的遠見，就需要有和常人不同的膽識。其實遠見和一個人的出身、職業都沒有關係，一個有遠見的人可以是大學校長，也可以是貨車司機，可以是國家總統，也可以是普通小職員。遠見是正確思維的產物，並不是天生的。遠見是一種可以培養出的本領，可能受到以往的經歷、當前的壓力、經驗的缺乏、所處地位的影響。我們都是平凡的人，如果要想對於未來有著明智而準確的判斷就需要站得比別人高一點，因為要決定一件事情，其實是很不容易的。這就需要在工作或者經營的時候，比別人先一步分析問題、提出創新的觀念和自己對於未來的構想，先思考再做事，才能敏銳地捕捉到機遇，才能最先採取行動，最後取得成功。中國古代的大政治家范仲淹說過一句著名的話：「先天下之憂而憂，後天下之樂而樂。」其實天下的道理是相通的，這句話不僅可以應用於政治，對於個人的發展、企業的經營也同樣有效。就是說要比其他人先一步地思考問題、提出創新性的見解和構思。

能不能真正做到眼光放遠，很重要的一點是要看這個人能不能忍一時的不快，吃一時的虧，為了長遠的目標懂得走迂回曲折的道路。在商界就流傳著很多歷代相傳的諺語，例如「為了明年多得利，寧願今年少受益」、「三分利吃利，七分利吃本」等。就像歷史上的越王勾踐一樣，為了越國的長久利益，甘心情願為奴為婢，臥薪嚐膽，終於等到了滅亡吳國，報仇雪恨的那一天。

亞伯拉罕· 林肯是美國第十六任的總統，他也是美國歷史上最受歡迎的總統之一。在位期間，他恢復聯邦、廢除奴隸制，領導南北戰爭的勝利，他卓越的功績就說明他的目光長遠，知道如何領導好一個國家。同時，林肯為了國家的利益，為了長遠的目標，他無論對待誰都是非常寬容的。

在他被暗殺的那一天，他簽署了一道赦免令。因為一個擅離職守的士兵被判死刑，他覺得那位年輕人在地上比在地下對國家更有益處，所以他赦免了士兵。還有一位叛軍，請求他釋放自己，因為叛軍發誓效忠自己的國家。林肯也毫不猶豫批准了，而那位曾經的叛軍變成了國家統一的支持者。

不止這樣，林肯對自己的政敵也是非常寬容的。別人問他，為什麼要試圖和政敵做朋友，應該去消滅他們才對。林肯笑著說，「我不正是這樣做嗎？和他們做朋友，使他們不再成為我的敵人。」

這就是睿智的人所想所做的，為了長遠的利益，用寬容化解仇恨。當你對未來的情況有了自己的估計，看到了未來你想要的情況時，你就需要付出自己的努力，就算要忍一時的屈辱，就算要走很多很多的彎路，也要堅持下去，才能實現你的願望，證明你對於未來的判斷是正確的。畢竟，你的明天都是由一個個今天所造就的。

精彩文章 11

情商與命運

奧巴馬是美國歷史上第一位有黑人血統的總統。他之所以能取得政治上的成功，最大程度上取決於他的高情商。年輕時，因為自己的多種族背景，他在社會上很難獲得認同。他曾一度很自卑，甚至放縱自己，用大麻和酒精逃離現實。但當他最後發現消極對待沒有任何積極作用時，他最終選擇了重新積極地面對生活。

他開始認真學習，積極備考，並且考取了哥倫比亞大學。大學畢業後，奧巴馬到芝加哥的一個窮人社區做社工，3 年的社工經歷，讓奧巴馬更多地與窮人近距離接觸和交流，發現他們的所需所求，並因此產生了為下層民眾爭取權益的決心。正是這種對社會的高度責任感讓他最終走上了政壇。

很多證據表明，擅長處理情緒的人，能很好地瞭解並控制自身的感受，懂得並能有效對待他人的感受，這樣的人在人生的任何領域都具有優勢，不管是在親密關係中，還是在辦公室政治中，他們都能掌握決定成功的潛規則。不善於控制情緒的人，常常會經歷內心的鬥爭，從而損害其專注工作和清晰思考的能力。

在現實生活中，每個人都會遇到這樣或那樣不開心的事情，為此有的人會大動肝火，結果把事情弄砸；而有的人則能夠有效地控制和調節自己的情緒，泰然處之，非常理智地對待這些事情，在生活中立於不敗之地。

英國著名化學家法拉第在年輕時因為工作壓力大，經常失眠、神經失調，身體很虛弱。為此他幾乎拜訪了全世界的名醫，也沒有治好自己的病。後來經一個朋友介紹，他來到鄉下某農莊，農莊裏住著一位極為普通的醫生，這位醫生詳細地為他診斷後，沒有開任何處方，只是給他寫了一句話：「多看看喜劇片勝過吃藥。」

法拉第回家之後，思索了很久，決定採納這位醫生的建議。從此以後，法拉第在緊張的工作之後，都要去劇院看滑稽戲，或者去海邊度假，調整生活狀態，以保持積極健康的情緒。兩年後，法拉第的病症全部消失了。恢復健康後，法拉第全心全意投入到科學上，最終做出了重大貢獻。

精彩文章 12

提升情商，是一生的功課

從醫學角度來看，情商形成於大腦。在大腦中有一個叫杏仁核的區域，這個地方主要負責情感情緒的處理。當有情感情緒產生時，大腦杏仁核就開始發揮作用。從這個意義上講，情商是與生俱來的，只不過情商的高低因人而異。

從情商的發展來看，情商隨著人的不斷成長而逐步提高。情商的發展根據人的成長階段大致可以分為四個時期：兒童期、少年期、青年期及穩定期。

經過兒童期和少年期，情商基本成形，而在青年期趨於穩定，青年期之後，人的情商穩中有升。

兒童期開始，情商便初露端倪，如嬰兒以啼哭來表達自己的情緒。嬰兒在很小的時候就懂得表情的意義，因此，兒童期是人的情商培養的開始階段。父母是孩子的第一任老師，在兒童期情商的形成中，家庭教育起著極其重要的作用。

少年期，是情商的發展期，此時大腦對外界已經掌握了一定的信息量，開始形成具有鮮明個人特質的個性。同時世界觀、人生觀、價值觀也在此時開始形成，此時情商發展最快卻也最不穩定，雖然有很強的可塑性，卻極易受到外界的影響，因此，這個時期是情商發展的關鍵期。

青年期，人的生理和心理都已經發育成熟，三觀基本成形，已經開始獨立學習、生活甚至工作，成家立業。在這個時期，人們更多地需要廣泛全面地學習與實踐社會規範和人生中各種生存技巧，例如，如何處理各種人際關係，以更好地在社會中生存。

穩定期，人的情商基本穩定成形，人的社會經驗相當豐富，但面對複雜的社會生活，仍然需要繼續學習和教育，其情商的提升主要依靠自省、自悟、自我感受與體驗。

因此可以說，人的情商是在先天素質基礎上，透過後天學習培養而形成的。一個人應該從小就開始注意情商的學習和訓練。如果從小缺乏早期的情感教育和訓練，就會導致一個人重要的情感缺陷，這對成人以後的情商水準會有很大的影響。

情商主要透過影響人的興趣、意志、毅力，加強或弱化認識事物的動力。智商不高而情商較高的人，很可能更容易成功，因為鍥而不捨的精神使勤能補拙。另外，情商高低與社會生活、人際關係、健康狀況、婚姻狀況等密切關聯。

精彩文章13

智商與情商的區別

一個人要想獲得成功，就必須擁有一定的智商，但擁有高智商的人並不一定就意味著能獲得成功。事實上，擁有積極健康的情緒是獲得事業上成功的關鍵。

長期以來，哈佛大學心理學教授在研究成功學的時候，總是認為智商是決定成功最為重要的先決條件，其實這種想法是非常偏激的。1990 年，美國耶魯大學心理學家沙洛維和新罕什布林大學梅耶教授對情緒智力概念重新作出了解釋，並提出了較為系統的理論。從此，情緒智力研究得以迅速發展。

最新研究發現，智商和情商既是相互獨立的，又是相輔相成的。每個人的智商和情商高低程度各不相同，高智商的人從事腦力勞動，低智商的人從事體力勞動。但有時，有些高智商的人卻在為低智商的人工作。雖然智商和情商在某些方面存在著一定的聯繫，但總體上來說還是相對獨立的。

加利福尼亞大學伯克利分校的心理學家傑克· 布萊克曾研究出一種自我復原的測試方法，對高智商的人和高情商的人進行對比研究，結果二者的差異非常明顯。

高智商者的典型特點：對事業富有野心，工作效率極高，沉著冷靜，不善言談，注重與智力有關的問題，但喜歡批評，自視清高，過分講究，對外界的議論不感興趣。他們往往比較內向，容易產生焦躁不安的情緒，但不願意公開自己的憤怒情緒。

而高情商者的典型特點：性格開朗，喜歡與不同的人打交道，樂於助人，富有責任心、同情心；通常不會受到焦慮、恐懼等情緒的困擾，時刻保持著積極向上的心態，與他人交往時，會讓他人感覺到很自在。

高智商和高情商的典型特點表明，每個人的智商和情商都各有高低，各有特點，可以透過其表現出的特點，來判斷和辨別其情商與智商的高低。但事實上，一個人的綜合素質是由智商和情商共同作用的結果。

智商和情商是成功道路上不可缺少的兩個因素，這兩個因素相互聯繫，相互制約。智商受先天因素的影響，後天的開發受到了一定局限；而情商很大程度上受後天因素的影響，可以透過不斷的培養，獲得提升。

精彩文章 14

透過內省認識自我

哈佛大學著名教育學家加德納博士提出了內省智慧理論。內省不僅是一種自我觀察，更是培養情商的重要手段。

傑米一直很自卑，害怕交朋友，害怕不能做到最好，一度自卑到自閉，不願與人交流。於是，傑米轉向透過內省的方式，來解決自己的心理問題。他把自己的內心感受寫在內省日誌中。兩年來，透過每天的成功內省日誌，他和自己分享著夢想、成功的喜悅、失敗的難過、對問題的認識和思考、對朋友的支持與關注等。透過內省，他知道自己害怕交往，於是他開始結交新朋友；透過內省，他發現自己害怕做公開講話，於是他勇敢地在課堂上站起來討論問題；透過內省，他發現自己知識積累不夠，於是他經常去圖書館看各種各樣的書籍。最後，他終於在內省中發現了自己自卑的根源，並逐漸變得積極和開朗起來。

內省讓傑米變得越來越樂觀和自信，也帶給他成長與喜悅。當他覺得情緒低落時，就會很自然地寫寫「成功內省日誌」，寫完之後，真的是一身輕鬆啊！

無獨有偶，兩位教授做了這樣一個實驗：讓兩組小老鼠走迷宮，一組小老鼠走出迷宮後，讓它立刻再進迷宮；另一組小老鼠走出迷宮後休息一段時間，再進入迷宮。實驗結果發現，休息過的那組小老鼠用了更短的時間走出迷宮。由此顯示，小老鼠在休息的時候進行了真正的「學習」。

內省能夠讓我們聽見來自我們內心的聲音，而只有真正地認識了自己，才會變得更加強大。

人的成長過程就是不斷地自我修正和再認識的過程，每一次的自我反省就是一次新的認識自己的機會，只有日省其身，才會對自己越來越瞭解，對未來的發展目標越來越清晰，取得成功的機會也就更大。

精彩文章 15

走出情緒的低谷

生活中不可能只有一種情緒主宰著人的一生，很多時候，是多種情緒交錯出現，甚至同時出現的。當人們情緒低落時，就走入了情緒的低谷。雖然這是一種正常的情緒變化，但是為了讓好情緒出現，還是應該儘早地走出低谷，處在情緒的低谷，就像行走在沙漠中一樣，只有找到希望的綠洲，才會讓你看到光明。

奧曼是一家股票經紀公司的合夥人，在經濟繁榮的時候，他的公司每天的利潤足以讓他一年都可以清閒下來；可是如今經濟蕭條，金融危機爆發，他的公司也陷入了嚴重的資金緊張之中，曾經的輝煌不再，連合夥人也跟著撤資離開。奧曼的生活和情緒幾乎都跌到了谷底。

一切努力似乎付諸東流。奧曼把自己關在家中冷靜了一個星期，他發現，絕對不能就這樣坐以待斃，被低落的情緒左右，他應該做點什麼。他把股票進行分類，將一些價值不高的進行拋售，把收回的成本進行實業投資，從頭做起。

經過半年的努力，他的新公司成立了。這時，他才突然領悟到：自己是不能夠從麻煩中「跑出來的」，唯一應該想到的事情就是——勇敢面對自己的處境。

那麼，我們該如何走出情緒的低谷呢？哈佛大學教授給了我們一些很好的建議和不錯的方法：

運動。運動能促進人體的新陳代謝，增強心臟活力，促進血液循環。常見的運動方式有：散步、慢跑、游泳、騎自行車等，每週進行三四次，每次 20 分鐘就可以見效。

音樂。音樂可以讓你放鬆心情，輕鬆愉快。最好選擇一些適合自己的曲子。不要聽過分憂傷的曲子，而是選擇一些積極向上、給你動力的音樂。

飲食。吃甜食和喝牛奶有助於緩解情緒低落。不妨在情緒低谷期，身邊備上這兩種食物。

閱讀。閱讀是心靈的旅行。不妨放下壞心情，選擇一本輕鬆的讀物，也許在讀書中，會與智者不期而遇，讓你釋然。

紐約的心理學家派翠克· 笛爾· 祖樸解釋說：「這是你的『沙漠經歷』，它是你在感情上沒有選擇，甚至沒有希望的時刻。重要的是，不要讓你自己在沙漠中束手無策，坐以待斃。」人總可以從許多事情上找出不滿意之處，因此學會自我調節，走出情緒的低谷很重要。

被負面情緒困擾的人長期徘徊於各種煩惱中無法自拔，他們不願意面對殘酷的現實，又沒有能力從現實生活中徹底逃離，只有背負沉重的壓力繼續生活，最終成為名副其實的情緒奴隸。

瑞恩是一個極其容易產生憂慮情緒的人，無論遇到任何事、任何人，他都會設想出 N 種可能的結果，N 種別人可能對他的態度。多年來，揣測、疑慮早已變成他生活的一部份。他也知道自己活得很累，也想趕走這些憂慮情緒，但是不知道該如何做，所以只好按照習慣生活。

後來，瑞恩找到了一份市場推銷的工作，他有時會上門推銷，有時會透過電話推銷。這種工作的壓力很大，使他的憂慮有增無減，因為沒有人可以幫助他，他對同事、客戶、產品等做了很多揣摩，但事情的發展往往難以預測，所以他幾乎是在憂慮中度日，有時甚至憂慮到無法入睡。

瑞恩常常想像別人拒絕的語言、厭煩的感覺、尷尬的表情……這一切他都能夠看到並清晰地感受到。這讓他充滿了懼怕和擔憂，內心世界越來越亂，最終失去了自己的工作。

可見，充滿壓抑、無安全感的人，內分泌紊亂，免疫力低下，會導致一系列疾病的產生，最終被社會淘汰。

聽憑自己情緒的好壞去處理事情，只能錯失良機，得不償失。高情商的人之所以會成功，是因為他能夠控制自己的情緒，不受制於人，不為環境、情景等因素所左右，更不會主動靠近憂慮、煩悶等不良情緒的邊緣，以免使自己無法脫身。而對那些經常被憂慮情緒困擾的人來說，對於無法改變的事情，可以採取聽天由命的態度，或者把它想像得極糟糕，然後降低期望值，這樣可以減少憂慮，找回自己的快樂。

精彩文章 16

要控制憤怒情緒

憤怒容易讓人失去理智。很多時候，由於情緒的失控而導致我們行為失控。生氣的時候，不妨克制自己的憤怒情緒，讓理智回歸。哈佛教授告訴我們：控制情緒是保持心靈健康的必備法寶。

查理是一名推銷員，他非常賣力地推銷自己公司的產品，但是最近運氣太差了，他的業績直線下滑。有一次，查理正在為一群乘客推銷保險，其中一位老人非常挑剔地指出了查理所推銷保險協議中很多漏洞和細節上的不足。這讓一直處於低迷狀態的查理惱羞成怒。他的憤怒讓他口不擇言：「你這老傢伙，你對保險懂得多少，居然還這樣挑剔？我知道你根本不想買，對不對？」

老人搖了搖頭，什麼話也沒有說。

查理垂頭喪氣地回到公司。這時，他被通知要接受董事長的約見。當他走進董事長辦公室的時候，一下子目瞪口呆了，原來董事長就是那位「非常挑剔」的老人。老董事長語重心長地告訴查理：「每個人都有情緒失落和難以控制的時候，但是每一個推銷員都代表公司的形象，你應該給顧客樹立一個我們公司微笑服務的形象，這樣他們才能信賴你。你說呢？」

此後，查理及時調整了情緒，並且加強了業務學習。最終他不僅圓滿完成了當月的業績，後來還成為了行業內的佼佼者。

控制憤怒是有技巧的，那就是在憤怒爆發之前做點別的事情：例如數數，例如想想憤怒的後果，例如把憤怒轉移到其他的東西上。總之，學會控制憤怒，生活中便會少很多不開心，幸福才會在你身邊圍繞。

要知道，憤怒不會帶給你任何好處，它只會帶給你一樣東西——傷害。

哈佛大學心理學專家研究發現，能夠控制自己情緒和情感的人才能獲得成功，才能把握住人生的關鍵。

一次，一個青年軍官為了一件非常小的事情與工作人員發生了爭執，並大打出手，兩人都認為自己的做法是正確的，誰都不願意後退一步。這一幕恰巧被準備出去辦事的林肯看見，林肯快步走上前，阻止了兩人的打鬥，並嚴厲批評了這位軍官。這位青年軍官非常委屈，便說道：「您甚至沒有問問我們是因何原因吵架，就草草斷定是我的過錯，是不是有些不公平？」

林肯堅定地回答說：「成大事的人是不會將過多的時間浪費在這些小事上的，你太衝動了，放棄了你所堅持的正確事情，所以說，透過這件事可以看出，你無法控制自己的暴脾氣，從而導致自控力喪失，你明白了嗎？」

林肯見青年軍官似懂非懂，就接著說：「與其和別人爭個高低，還不如放棄。得不償失往往是那些自制力弱、辨別力差的人常有的結果，所以他們的命運是可悲的、毫無光彩的。」

那個青年軍官這次徹底聽懂了，頓時醒悟過來，不再與工作人員爭論。

其實，那些能成就一番事業的人，經常會把自己的鬱悶、憂慮、恐懼等情緒當作是一種自我調節，他們從不受這些消極情緒的影響，也不會將這些不良情緒強加在別人身上，所以他們才能在事業的道路上一帆風順。

當然，每個人活在世界上，就免不了有喜、怒、哀、樂等情緒，有時也會莫名其妙地憂鬱和感傷，但樂觀積極的人絕不允許這些不良情緒主宰自己。

在生活中，一個人的最高境界就是能夠控制自己的衝動情緒，只要能採取有效措施很好地控制壞情緒，不管在生活還是在工作中都會如魚得水、一帆風順的。如果缺乏這種修養，那麼人生就會充滿悲哀。

精彩文章 17

讓憂鬱情緒煙消雲散

憂鬱是一種很普遍的情緒，幾乎跟感冒一樣普通和平常。我們經常會感到失落和無助、自責或內疚，如我們失去了親人、做錯了事情、被領導批評了一頓或夫妻間吵架拌嘴等，都可能使我們情緒低落、沮喪，這就是所謂的憂鬱。

北卡羅來納州最優秀的電視節目主持人羅琳，因為家中出現了一系列變故，患上了憂鬱症，先是一個春天的上午，她發現自己的丈夫出軌；繼而在當年的冬天，自己最親的親人媽媽去世了；而後就是父親被宣告在一次事故中喪生。這一個又一個接踵而來的噩耗，讓羅琳天旋地轉，即使在父親的葬禮上她也欲哭無淚。

終於有一次，在直播的當天，她突然暈倒在直播間裏。被同事們送到家中後，她把自己關在屋子裏，這一關就是三天，直到哭得嗓子都說不出話來。

後來羅琳開始尋求心理醫生的治療，醫生建議她去福利機構做一些義工，然後去旅行。在福利院待了兩年後，她重新回到了工作的電視台，她放棄了旅行。因為她發現這個世界上比她悲慘的人還有很多，他們經歷的狗血劇情比她還要離奇和淒慘。她看到那些人依然振奮前行，她也沒有理由不走出憂鬱的陰影。

其實每個人都會有不同程度的憂鬱狀態，只是輕重不同而已，如果是重度憂鬱，當然需要尋求醫生的治療，但是如果你自己意識到有憂鬱傾向時，不妨把樂觀積極的心態當作治療憂鬱的方式，將憂鬱扼殺在搖籃裏。

憂鬱不是一天形成的，所以也別指望它能夠一天消失。但是，你完全可以透過自己的努力趕走憂鬱，更積極些，更開朗些，敞開心扉，打開心結，讓自己做一個健康、成功的人。

在一項哈佛的心理調查當中，有 80%的哈佛學生至少有過一次感到非常沮喪、消沉，47%的學生至少有過一次因為太沮喪而無法專心做事……沮喪似乎隨時隨地在發生，人人都在擔憂。

消除沮喪情緒，如何讓自己變得幸福，將成為每個人成長中要面臨的課題。

漢密爾是一個商人，這天他又來到自己的心理醫生面前抱怨起來，他說他一整天所做的每一件事情都不能讓自己滿意。

醫生問他為什麼。他回答，從早晨起來他就開始沮喪，因為他並沒能按照自己規定的 7 點鐘起床，原因僅僅是他賴床了 5 分鐘，他便開始自責自己是如何地不能夠按照時間表進行作息。

接著他開始安排一天的工作，可是在給下屬安排任務時，居然有兩個人都表示沒有聽懂他的安排。「真是令人匪夷所思，難道我說話的方式就那麼令人費解嗎？」漢密爾自言自語地問。

這還不是最令他沮喪的。

當他下午終於完成了一項談判，簽完合約時，他拿起合約看到自己的簽名，突然若有所思地認為，其實他只是一個為公司合約簽字的工具而已，他並沒有多麼重要。而上午他這個不重要的人，居然還在對員工發火，要知道，員工才是在為公司創造利潤的最終動力。

講完這些，醫生告訴漢密爾，其實他的沮喪源於兩個方面：一個是缺乏滿足感；另一個就是沒有存在感。因為沒有完成規定任務而感到不滿，因為發現自己的不重要而沒有存在感，所以才悲觀失落。醫生建議漢密爾給自己放個長假，長假期間不要為自己設置任何時間表，也不要插手任何公司事務，一切等自己休完假再處理。

他接受了醫生的建議，漢密爾在度假中才發現，原來自己即便是晚 5 分鐘起床，天也不會塌下來，即便自己再慢些表達也會有人聽不懂自己的某些方言，即便是在酒店登記處簽字也是自己的親筆簽字。這些讓漢密爾領悟到，原來沮喪都是自找的，那為什麼不快樂一點呢？

每個人都不可避免地會面臨悲傷沮喪的時刻，如何面對和消除沮喪情緒呢？洛杉磯的一位心理學家埃倫· 戈爾丁給出了一些建議：不要把自己放在孤立的境地，看問題時採用積極的態度；給自己放一天假，讓自己去享受假期的陽光；有壓力時不妨先放一放；如果需要，就去運動和曬太陽吧。

精彩文章 18

瞭解別人是開始交往的第一步

一個天氣晴朗的週末上午，哈佛心理學教授埃倫· 蘭格正在家裏看書，突然有人敲門，是一位陌生姑娘登門拜訪，這位姑娘神情憂鬱，眼神呆滯而絕望，聲音彷彿來自地底下的墳墓。她的聲音帶著哭腔，小聲地顫抖著說希望能訴說自己的痛苦。教授把她請進來，握手的時候，她冰涼的手讓教授的心都顫抖了。教授讓她坐到沙發上，並親自給她沖了一杯咖啡，讓她慢慢說。

聽完女孩的訴說，教授瞭解到，原來這個女孩名叫艾瑪，長得其實挺漂亮，但她老是覺得沒有人喜歡自己，總是擔心自己嫁不出去。她認為自己的理想永遠也實現不了，她的理想和每一位妙齡女郎的理想一樣：和一位白馬王子結婚，白頭偕老。她的整個身心都好像在對教授哭泣著：「我已經沒有指望了！我是世界上最不幸的女人！」

教授安靜地聽艾瑪訴說著所有的不快，等到她說完的時候教授心裏已經有了主意，便對看起來依舊不開心的艾瑪說：「你最好先休息一下，讓你的情緒稍微穩定一些。」

「可是教授，我並不覺得這會對我有多大的幫助。」說話的時候艾瑪的臉上仍然看不到一絲快樂。

「沒關係，這只是一個開始，我想我已經找到了一些解決的辦法。不過，你需要按我說的去做，並且你要相信這會給你的生活帶來一些改變。」然後教授告訴艾瑪，週一自己的家裏將會舉辦一個

Party，要艾瑪務必參加，而且必須把自己精心打理一番，因為有一些重要的事情需要她來完成。

艾瑪聽後還是一臉悶悶不樂的樣子，她憂心忡忡地對教授說：「就是參加 Party 我也不會快樂。誰需要我呢，我又能做什麼呢？」

教授告訴她「你要做的事情非常簡單，你的任務就是幫助我接待和照顧客人，代表我歡迎他們，向他們致以最親切的問候。」

星期一這天，艾瑪衣衫簇新、髮型時尚地來到了 Party 上。她按照教授的吩咐盡職盡責，一會兒跟這個客人打招呼，一會兒幫那個客人拿飲料，她在客人間穿梭不停，來回奔走，忙得不亦樂乎。她始終在幫助別人，以至於完全忘記了自己。漸漸地，她的眼神開始活潑，笑容愈加燦爛，簡直成了晚會上一道靚麗的彩虹。Party 結束後，同時有三位英俊的男士主動要求送她回家。

在隨後的日子裏，這三位男士都熱烈地追求著艾瑪，她終於選中了其中的一位，並和他訂了婚。之後不久，在艾瑪的婚禮上，有人對這位教授說：「你創造了奇蹟。」「不，」教授說，「是她自己為自己創造了奇蹟。我只是先瞭解了她，然後慢慢引導她也瞭解自己，並打開心扉開始與別人交往，她只是做到了成為最美麗、最自信的那個她而已。」

瞭解別人是開始交往的第一步。故事中的教授就是先瞭解了艾瑪的情況，然後開始引導她，自信地把最美的自己展示出來，才給自己、也給了白馬王子和她交往的機會。

瞭解別人，不僅要從他的外表來判斷這個人的大體情況，更重要的是要聆聽他內心深處的聲音，只有心靈的碰撞，才能擦出愛的火花。

羅伯特· 莫頓教授在哈佛無人不知，他之所以受歡迎是因為他的課堂不只傳遞知識，還有更重要的人生哲理。那些重要的哲理卻往往只是在一個小小的故事中，不經意地傳遞出來。同樣是講對別人情緒的認知，我們要借助一個小故事來體會：

9 歲的小姑娘莉娜，是我們故事的主人公，她是紐約市的一名普通小學生。在一次學校組織的為貧困學生募捐的公益演出中，幸運的她被老師定為女一號——公主的扮演者。接下來的時間，這個幸運的小姑娘跟著母親一起為演出付出了很大的努力，希望演出的那一刻能夠成為全場的焦點。可是不管她們的準備工作做得多麼週密，她在台下的表演如何精彩，只要一站到舞台上，腦子裏就會一片空白。

最後，老師只好讓別人替換了她公主的角色，只安排給她一個微不足道的道白者的角色。雖然老師的話聽起來親切婉轉，但還是深深地刺痛了莉娜，尤其是一想到自己的角色讓給另一個女孩演的時候，她就恨極了自己的笨，而且嫉妒之火在胸腔中熊熊燃燒。

那天回家吃午飯的時候，莉娜強迫自己控制住自己的情緒，沒把角色被換的事情告訴母親。然而，細心的母親卻覺察到了她的心不在焉和失魂落魄，就沒有再提議練台詞，而是問她想不想陪她到院子裏走一走。

那是一個陽光明媚的春日午後，花棚架上的薔薇藤正泛出鮮嫩的新綠。母親走到一棵蒲公英面前彎下了腰：「我要把這些雜草統統拔掉。」她說著，用力將蒲公英連根拔起。「從現在起，咱們這庭院裏就只有美麗的薔薇了。」

「可是我喜歡蒲公英呀，」莉娜抗議道，「所有的花兒都是美麗的，蒲公英也是！」

母親直起身，愣了一下，然後微笑著打量著她。「對呀，每一朵花兒都展示出自己的美麗給人們帶來愉悅，不是嗎？」她若有所思地說，「對人來說也是如此。」母親接著說道：「不可能人人都當公主，而且那並不值得懊惱和羞愧。」

莉娜知道母親猜到了發生在自己身上的事情，於是她一邊告訴母親事情的經過，一邊失聲痛哭了一場。母親聽後釋然一笑，語重心長地說：「沒關係，做不成美麗的公主，你可以努力成為一個出色的道白者啊。道白者的角色跟公主的角色一樣重要。」

人是一種複雜的高級動物，他的腦部活動和心理活動也很錯綜複雜和波動起伏，所以，人會在不同的場合表露出不同的情緒。但是人又總是經常假裝和掩飾，所以這種情緒往往是與內心情感有差距的，甚至是相反的。人的內心情感與現實情緒表現的差別是很大的，這就需要根據自己的觀察和對對方的瞭解，及時地識別他人內心真正的情緒。

如何識別呢？因為人與人的情感有著很多共性，那麼，就可以根據對自身情感變化的過程和規律來推測出他人的情緒變化。眼見不一定為實，所以要真正識別他人的情緒，就不要被他的外表所蒙蔽，而要經過探索和思考，才有可能真正瞭解他的心結，幫他打開和疏通。

精彩文章 19

沒有什麼可怕的

「做一個直面恐懼、敢於冒險的合格軍人」，是西點軍校情商訓練的一個目標，因為恐懼情緒會摧毀一個人的勇氣和創造力。勇士與懦夫的區別在於：面對恐懼時，懦夫選擇退縮，而勇士則強迫自己戰勝它。西點軍校指出，一個人失敗的原因往往不是能力低下或力量薄弱，而是勇氣不足，戰勝不了恐懼情緒，還沒上場就敗下陣來。所以新學員入校後，首先要進行勇氣訓練。

在西點軍校做演講時，麥克亞瑟將軍說：「不勇敢地打敗怯懦，就得一輩子躲著它。」言如其人，麥克亞瑟本人就是一個真正的勇者。

在一次戰鬥中，麥克亞瑟在雨夜裏身穿大衣、頭戴鋼盔衝在 84 旅的前頭，以這種方式帶兵作戰的將軍大概只有麥克亞瑟一人，一般人難以具備這種膽魄。

1918 年 2 月中旬，參加第一次世界大戰的麥克亞瑟率領「彩虹師」開進法國洛林南部呂內維爾防區的戰壕中。2 月 26 日，他喬裝打扮，手提馬鞭，臉上塗泥，未報告師長就隨法國人的突擊隊去襲擊德軍陣地。在異常激烈且殘酷的戰鬥之後，大約有 600 名德國士兵被俘，麥克亞瑟本人還擒獲了一名德軍上校。

關於麥克亞瑟非同一般的勇氣，有人評價說：「在英雄主義和勇敢行為非常普遍的地方，麥克亞瑟的勇敢是很傑出的。」

還有一次，敵軍發動炮擊，麥克亞瑟坐在指揮所裏，他身邊的參謀人員都為他捏著一把汗，但他卻鎮定自若地對他們說：「整個德國還沒造出一發能打死麥克亞瑟的炮彈。」當麥克亞瑟就要卸任「彩虹師」參謀長去任旅長的時候，該師的參謀們送給他一個永久的紀念品——一個金質煙盒，上面刻著：「給勇者中的最勇者。」這是部隊給麥克亞瑟的最高榮譽。

很多時候，我們不是不能戰勝困難，而是在行動之前就已經被恐懼情緒嚇倒了。恐懼是取得成功的最大障礙，一個面對困難或風險畏縮不前的人不配擁有勝利與榮譽。我們只有克制內心的恐懼情緒，勇敢向前，才能獲得最終的勝利。

德國精神病學專家林德曼獨自一人駕著一葉小舟駛進了波濤洶湧的大西洋。在他之前，已經有不少人相繼駕舟橫渡大西洋，結果沒有一個人能夠成功，很多人遇難了，一去不返。林德曼認為，這些死難者首先不是從肉體上敗下陣來的，主要是死於精神上的崩潰，死於恐怖和絕望。一個人只有對自己抱有信心才能保持精神健康，並能夠克服前進道路上的困難。為了驗證自己的觀點，他決定親自駕船進行「試驗」。

林德曼駕駛的船隻有 5 米長，是當時所知橫渡大西洋的最小的船。它的設計適合湖泊、沒有急流的河流和平靜的沿海水域，沒有一點像遠洋航行的帆船。雖然如此，但林德曼的小船頑強地抵抗了大西洋的浪濤，儘管曾經兩次傾覆，林德曼仍能數次在颶風中死裏逃生。

出發前，林德曼帶了 60 罐食物、96 罐牛奶和 72 罐啤酒。食物和裝備把船塞得太滿了，沒地方放下一個爐子。旅程中食物不夠時，他就只好抓魚來生吃。在海上航行期間，他的體重減輕了 20 多公斤。最終，林德曼用 72 天時間成功橫渡了大西洋。

林德曼駕著這艘弱不禁風的小船橫渡大西洋時沒有做任何記錄。他感興趣的是人應對極限條件下的恐懼方式。他靠自我催眠和他發明的一種「心理衛生」系統來克服恐慌和絕望的情緒。

林德曼獨自在波濤中拼搏了兩個半月，沒有充足的食物，也沒有足夠的空間，這些給了他試驗和改進他的方法的機會。在航行中，林德曼遇到過難以逾越的困難，多次瀕臨死亡；他的眼前甚至出現了幻覺，運動感也處於麻木狀態，有時真有自殺的想法。但只要這個念頭一升起，他馬上就大聲自責：「懦夫，你想重蹈覆轍、葬身此地嗎？不，我一定能夠成功！」生存的希望支持著林德曼，最後他終於成功了。

後來，林德曼回憶說：「我從內心深處相信一定會成功，這個信念在艱難中與我自身融為一體，它充滿了我週身的每一個細胞。」

精彩文章 20

西點情商訓練目標：勇敢但不衝動

西點軍校的培養方向不是將學員培養成為一個不顧一切、不計後果的莽夫，而是旨在培養臨危不懼、沉著冷靜的勇者。

在軍隊中，軍官的職位越高，就越需要高度的理性來指導自己的勇敢，使其能在一定的原則下發揮作用。

著名的老麥克亞瑟將軍(「二戰」名將麥克亞瑟之父)就是一個集勇氣與理性於一身的西點軍人。

在美國南北戰爭的查塔努加之戰中，老麥克亞瑟所在軍團奉命向一個陡峭的高地發起衝鋒，因受到猛烈火力的壓制而潰退下來。身為副官的麥克亞瑟中尉深知被壓在高地上進退兩難十分危險，只有佔領高地才能保存自己。於是，他帶領三名掌旗兵突然出現在山坡上，揮旗挺進。第一個士兵倒下了，第二個、第三個士兵也倒下了，這時，麥克亞瑟毫不畏懼地從倒下的士兵手中接過軍旗繼續前進，並高聲吶喊：「衝啊！威斯康星！」

士兵們這才反應過來，一齊怒吼著衝向高地。

最後麥克亞瑟的軍團取得了勝利，而副官麥克亞瑟卻精疲力竭地倒在地上，煙塵滿面，血染征衣。司令官謝里登奔上山頂，一把抱起麥克亞瑟，動情地對人說：「要好好照顧他，他的實際行動真正無愧於任何榮譽勳章。」

麥克亞瑟是在逞能、耍個人英雄主義嗎？當然不是。因為麥克亞瑟很清楚，被壓制在火力之下，敵人的援軍一到他們誰也別想活，衝上去奪取陣地，搶到先機，才能立於不敗之地。犧牲在所難免，但這種犧牲是必要的、值得的，也是必須的選擇。因此，他成了團裏的英雄，一年之內連續得到晉升，成為該軍中最年輕的團長和上校。當時，麥克亞瑟年僅 19 歲。

麥克亞瑟的經歷告訴我們：勇敢很重要，但是理性的勇敢更勝一籌，所以我們要把理性當成勇敢的朋友。勇敢絕不等於愚勇，絕不是不自量力、不計代價地橫衝直撞。

精彩文章 21

在危急時刻要保持理智

在印度的一家餐廳裏，不知什麼時候突然鑽進一條蛇，這條蛇肆無忌憚地遊走在餐桌下。正在進餐的一位女士隱約感到桌子下有東西，她低頭一看，天那，一條蛇！但是她沒有大聲叫出來，而是一動不動地讓那條蛇爬了過去，然後她叫身邊的服務員端來一盆牛奶放到開著玻璃窗的陽台上。

在餐廳就餐的一位男士看到此情景很驚訝，因為他知道，在印度，如果把牛奶放在陽台上，只會招來毒蛇，而且在當地，毒蛇出入各種場合也是常有的事。他敏銳地意識到餐廳裏有蛇了，而且這蛇就在大廳，只是不知在那個餐桌下。

這位男士和那位女士一樣，雖然有些害怕，但還是鎮靜下來，因為他知道如果自己說「這裏有毒蛇」，必然會使整個餐廳的人慌作一團。於是，他先讓自己平靜下來，為了防止大家的腳亂動而碰到毒蛇，他幽默地和大家說：「我和在座的每個人打個賭，考一考大家的自制力，我數 300 下，這期間如果你能做到你的腳一動不動，我將輸給你們 100 盧比。否則，你們將付給我 100 盧比。哈哈，我看你們是輸定了。」這位男士故意用激將法刺激他們。

在餐廳裏的人不服氣：「我看輸的人是你吧，快點把錢準備好吧！」

之後，大家一動不動，當他數到 280 下時，那條蛇已爬到放有牛奶盆的陽台上去了，他大喊一聲，迅速把窗戶關上了。此時，那條毒蛇已被關在窗外。在座的人都驚呼起來，紛紛誇讚這位男士的勇敢與理智。如果不是這一招，這期間肯定有不少人的腳要亂動，只要碰到那條蛇，就有可能被它咬傷。

男士只是笑笑，指著那位女士說：「這位漂亮的女士才是最冷靜、最勇敢的人。」

在遇到突發危機的時候，最重要的是保持冷靜，處變不驚。如果心慌了，只能亂上添亂，導致更多的錯誤。

精彩文章 22

拒絕衝動，做事要考慮後果

妥善管理自己的情緒，就要努力做到掌控自我，自己把握情緒的變化，這樣才能夠始終保持理智，避免情緒衝動和感情用事。

許多人都會因為一時衝動，做一些出格的事情，做完之後還會認為自己很勇敢，因為做了自己平時不敢做的事情。其實，人在無法控制自己的情緒時，都可能做出一些難以預料的事情。

一時衝動只會釀成大錯，衝動和勇敢之間有著本質的區別。法國著名球星齊達內的遭遇就有力地說明了這一點。

2006 年德國世界盃，法國隊戰勝了明星雲集、實力強勁的巴西隊之後進軍決賽，形勢一片大好。在決賽中，他們對陣實力稍弱的義大利隊，第二次捧得大力神杯是十拿九穩的事。如果取勝了，作為隊中絕對核心的老將齊達內也可再上一個台階，功成名就、光榮退役。

決賽開始了，開場僅 6 分鐘，義大利隊員馬特拉齊就防守犯規，法國隊得到一個點球，由齊達內主罰命中。這是個精妙絕倫的勺子點球，法國隊氣勢逼人，只可惜沒有擴大比分。20 多分鐘時，義大利隊開角球，馬特拉齊獲得機會頭球扳回 1 分，雙方戰成一比一平。下半場，雙方均無建樹，比賽拖入加時賽。30 分鐘加時賽開始，法國隊仍舊佔據場上優勢，看來破門只是時間問題。

就在比賽快到 110 分鐘的時候，發生了衝突。只見防守齊達內的馬特拉齊對齊達內說了些什麼，一直安心踢球的齊達內突然變得異常憤怒，像箭一樣向馬特拉齊的胸脯撞去，馬特拉齊就勢往後一倒，躺在草坪上。站在一旁的邊裁看得清清楚楚，主裁判立即出示紅牌將齊達內罰下場去。遭受這一意外打擊的法國足球隊再無鬥志，在接下來的點球大戰中敗給了義大利隊。

賽後，很多人都好奇馬特拉齊到底對齊達內說了些什麼，其實這一點並不重要，關鍵是齊達內沒有控制住自己的情緒而犯規，被罰下場來，直接導致法國隊士氣受挫，與世界盃冠軍失之交臂。齊達內為自己的一時衝動付出了巨大的代價！

勇敢和衝動似乎只差那麼一點點，但勇敢可以使人建立驚人的功績，名留後世，而衝動只會造成不可挽回的局面。

情商專家認為，一個人在衝動時，可以試著去做一件不相干的事，以避免因衝動而做出不正確的舉動。這種自我轉移的方法很有效。

精彩文章 23

當你遇到阻力的時候，必須要自信

美國南北戰爭時，北方比南方在人力、物力方面具有更大的優勢。然而北方的戰線一直拖得很長，遲遲無法攻克弗吉尼亞州首府里士滿。雖然林肯一直在調兵遣將，但依然沒有人能夠從容地挑戰南方北佛吉尼亞軍團的統帥羅伯特· 李將軍。李將軍 1828 年畢業於西點軍校，1852 年至 1855 年擔任西點軍校校長職務，是很多美國軍人心中的偶像。內戰開始之前，李將軍就是林肯心中戰區司令的第一人選，可惜李將軍因為個人背景的原因，拒絕了林肯的邀約，而是加入了南方軍隊的陣營，並擔任統帥。

林肯手下的將軍們一聽說對手是李將軍，氣勢馬上弱了下去，久久無法攻克里士滿。林肯在軍隊之中觀察了很久，最後選中了同樣畢業於西點軍校的尤利西斯· 格蘭特將軍。

當時，林肯問格蘭特：「將軍，你能不能攻克里士滿？」

格蘭特沉默了片刻，他想到了舉止文雅、風度翩翩的李將軍，想起李將軍是自己 1843 年從西點軍校畢業之前最崇拜的師兄，是自己畢業之後最著名的西點軍校校長……結果格蘭特自信地回答說：「總統先生，給我軍隊，我能攻克里士滿。」

林肯從格蘭特眼中看到了自信，他授予格蘭特前所未有的權力。格蘭特沒有辜負林肯的希望，僅僅用了一年多的時間就成功擊敗了南部聯軍。

戰爭雙方的統帥都畢業於西點軍校，李將軍和格蘭特將軍同樣是名垂青史的將領。格蘭特正是憑藉著強大的自信，才能在面對比自己更強大的李將軍時鎮定自若，最終戰勝了李將軍，後來還當上了美國總統。

美國 NBA 聯賽中有一個夏洛特黃蜂隊(2002 年主場從夏洛特搬到新奧爾良，稱新奧爾良黃蜂隊)，黃蜂隊曾有一位身高僅 1.60 米的球員，他就是 NBA 歷史上最矮的球星蒂尼· 柏格斯。柏格斯這麼矮，怎麼能在「巨人」如林的籃球場上競技，並且躋身大名鼎鼎的 NBA 球星之列呢？這是因為他有一個神秘的武器——自信。

柏格斯自幼喜愛籃球，但由於身材矮小，夥伴們都瞧不起他。有一天，他很傷心地問媽媽：「媽媽，我還能長高嗎？」

媽媽鼓勵他：「孩子，你能長高，長得很高很高，會成為人人都知道的大球星。」從此，長高的夢像天上的雲在他心裏飄動著，每時每刻都閃爍著希望的火花。

「業餘球星」的生活即將結束了，柏格斯面臨著更嚴峻的考驗：1.60 米的身高能打好職業賽嗎？柏格斯橫下心來，決定在高手如雲的 NBA 賽場中闖出自己的一片天地。他自信地說：「別人說我矮，反倒成了我的動力，我偏要證明矮個子也能做大事情。」

在威克· 福萊斯特大學和華盛頓子彈隊比賽的賽場上，人們看到蒂尼· 柏格斯簡直就是個「地滾虎」，從下方來的球 90%都會被他搶走。後來，憑藉精彩出眾的表現，柏格斯加入了實力強大的夏洛特黃蜂隊。在他的一份技術分析表上寫著：投籃命中率 50%，罰球命中率 90%。

一份雜誌專門為他撰文，說他技術好，發揮了矮個子重心低的特長，成為一名使對手害怕的斷球能手。「夏洛特的成功在於柏格斯的矮」，不知是誰喊出了這樣的口號。許多人都贊同這種說法，許多廣告商也推出了「矮球星」的照片，上面是柏格斯淳樸的微笑。

成為球星之後，柏格斯沒有忘記當年媽媽鼓勵自己的話，雖然他沒有長得很高，但可以安慰媽媽的是，他已經成為人人都知道的大球星了。

自信是成功的必要條件。然而在現實生活中，有很多人總是習慣說「我不行」「我勝任不了」之類的話，這是典型的缺乏自信的表現。從心理學的角度講，這其實是一種消極的自我暗示，說話的人在潛意識中提醒自己不能完成某項工作或事務，

這是前進中巨大的阻力。更糟糕的是，很多人尚未意識到它的消極影響。擁有強大的自信，然後全力以赴，只要具備了西點軍人的這種品質，你就會擁有非凡的人生。

精彩文章 24

永遠不要貶低自己

在西點軍校，學員把進入西點當作一種榮譽、一種挑戰。那些自卑的人，那些自我貶低的人，不管有多麼出眾的才華，也注定會與西點軍校無緣。

林肯被公認是美國歷史上最偉大的總統，然而在他當選總統的那一刻，整個參議院的議員都感到尷尬，因為林肯的父親是個鞋匠。

當時美國的參議員大部份出身望族，都是上流社會的人，從未料到要面對的總統是一個出身卑微的鞋匠的兒子。於是，在林肯進行首度參議院演說之前，就有參議員計劃要羞辱他。

在林肯站上演講台的時候，有一位態度傲慢的參議員站起來，說：「林肯先生，在你開始演講之前，我希望你記住，你是一個鞋匠的兒子。」所有的參議員都大笑起來，為自己雖然不能打敗林肯卻能羞辱他而開懷不已。等到大家的笑聲停止後，林肯不卑不亢地說：「我非常感激你使我想起了我的父親，他已經過世了。我一定會永遠記住你的忠告，我永遠是鞋匠的兒子，我知道我做總統永遠無法像我父親做鞋匠做得那麼好。」

參議院陷入一片靜默之中。林肯轉頭對那個傲慢的參議員說：「就我所知，我父親以前也為你的家人做過鞋子。如果你的鞋子不合腳，我可以幫你改正它。雖然我不是偉大的鞋匠，但是我從小就跟隨父親學到了做鞋子的技術。」

然後林肯對所有的參議員說:「對參議院裏的任何人都一樣,如果你們穿的那雙鞋是我父親做的,而它們需要修理或改善,我一定盡可能地幫忙。但是有一件事是可以確定的,我無法像他那麼偉大,他的手藝是無人能比的。」說到這裏,林肯流下了眼淚,而所有的嘲笑聲此刻全部化成讚歎的掌聲。

精彩文章 25

嚴格的紀律措施

情商的一個重要因素就是自制力,西點軍校情商訓練的手段之一就是用嚴格的紀律監督學員培養自己的自制力。

在西點人看來,紀律是勝利之母,是戰鬥力的根本保障。西點軍校對學員紀律的要求比其他學校甚至部隊更為嚴格。西點軍校的宣言是:「我們要做的是讓紀律看守西點,而不是教官時刻監視學員。」以日常生活管理為例,每個學員手中都有多達十幾甚至幾十本條令、條例、命令和規定,都必須學習和遵守。西點軍校的學員每天早餐之後便開始了緊張的操練和上課。那些數不清的規章制度就像是高懸的「達摩克利斯之劍」,隨時都可能刺向違規者,讓學員們叫苦不迭。有的學員在日記中寫道:「立正、立正、立正,操練、操練、操練,啊!上帝……起床就像下地獄,然後就開始早操、喝水、操練、擦槍、集合……熄燈號,把一切都忘記的沉睡。4 時 30 分起床後,一直進行著立正訓練,一次立正訓練就要一個半小時。」由此可見西點軍校紀律嚴格和訓練艱苦的程度。

西點軍校非常注重對學員的紀律意識培養。為了保障紀律的實施，西點有一整套詳細的規章制度和懲罰措施。例如，如果有學員違反軍紀軍容，校方通常會懲罰他們身著軍裝，肩扛步槍，在校園內的一個院子裏正步繞圈，少則幾個小時，多則幾十個小時。

紀律鍛鍊主要是在新生入學後的第一年內完成。西點軍校的目的是透過紀律鍛鍊，迫使學員學會在艱苦條件下工作與生活。例如日常的著裝訓練，由高年級學員管新生。他們一會兒下令集合站隊，一會兒又命令新生返回宿舍換穿白灰組合制服，限定在 5 分鐘內返回原地並報告。在整個過程中，新生必須無條件地完成指令，不得有任何藉口。這樣的訓練整整持續一年。

西點有著如此嚴格的學校紀律，要得益於「西點之父」塞耶。1817 年 5 月 20 日，塞耶出任西點軍校校長。那個時候，西點軍校有相當一部份學員來自地位顯赫的名門望族。1818 年，塞耶寫信給當時的美國政要湯瑪斯· 平尼克將軍，由於他的兒子沒有按時返校，軍校決定令其退學。平尼克將軍解釋說，由於天氣不好，是他把兒子留下的，而且老校長也答應將此事作為例外處理。但塞耶認為，迎合權勢絕對辦不好軍校，誰的面子也不能給。所以他堅定不移地執行決定，把小平尼克開除了。

隨後，塞耶校長大力整頓西點軍校的紀律。當時西點軍校有 213 名學員，經嚴格審查，有 103 人被開除或勒令退學。他們多數是因為學習不及格而退學，少數則因為行為不軌被強制離校。這樣大膽的舉動當然招來許多非議，各種責難和辱罵四起，但塞耶不為所動。他在給陸軍部長的報告中，詳細介紹了被退學或開被除學員的情況，認為這不僅不是對國家資源的浪費，而且是一種合理措施。

在一個星期日檢閱時，來自馬里蘭州的一個有軍銜的學員因不服從指揮，激怒了指揮官布利斯上尉。布利斯上尉立即把那個學員揪出隊列示眾。兩天后，有 5 名學員來到塞耶的住所，聲稱他們是學員團選出的委員會代表，來揭發布利斯上尉，反映學員對他的不滿，並要求撤換他。同時，他們還向塞耶上交了一份有眾多學員簽字的意見書。

塞耶校長審視面前的 5 名學員，堅定地拒絕了他們的要求。他說：「任何學員受到不公正的待遇，均可以上訴。但你們所要求的是另一回事，你們的所作所為也不符合軍人的標準。因此，對你們提出的要求，我不能予以考慮。先生們，你們可以走了。請注意，以後不要再發生類似事情。」

這些人仍不甘心，經過秘密會議，第二天又到塞耶處呈交了請願書。這份請願書對布利斯上尉進行了一系列指控，罪狀有 4 條。塞耶再一次審視這 5 名學員，隨後做出了一個大膽的決定。塞耶命令 5 名請願者必須在 6 小時內離開西點軍校。與此同時，塞耶向學員團發佈命令，痛斥任何反對合法領導的聯合請願。因為不論從軍隊或平民的角度來看，聯合請願都是違反第一號命令(塞耶到校後所制訂)的行為。隨後，塞耶叫來一位監察員詢問被開除學員的離校情況，監察員報告說 5 個人仍賴著不走。塞耶再次下命令：他們必須在 1 個小時內離開。最後，5 人被逼無奈，只好在大雨中離開了西點軍校。

在紀律方面，塞耶不會有絲毫的妥協。例如在查訪營房時，如果塞耶發現有不符合規定的地方，他不是直接批評學員或讓學員糾正，而是把責任交給學員指揮官，指揮官再依次把責任交給應負責任的下級，這就叫按級負責。塞耶不允許超越指揮系統行事。

有一次，一個學員到哈得遜東岸去赴宴，一到宴會就與塞耶校長打了個照面。他大吃一驚，根本沒有想到校長塞耶也來做客。宴會上，塞耶彬彬有禮，並按照當時的習慣做法與這個學員禮節性地相互祝酒，這個學員面對嚴厲的校長，非常尷尬。第二天，這位學員平安地回到了西點軍校。他在西點軍校以後的兩年中一直等待著過失通知書，可一直沒有等到。在他畢業後很長一段時間才瞭解到，塞耶校長為他赴宴嚴厲地責備了他的指揮官。因為按規定，學員外出參加社會活動必須經過嚴格的審批。

對於西點軍校嚴格的紀律，一位學員回憶道：「在軍校服役，一個人身處具有明確目標和嚴格紀律的環境之中，是一個很好的訓練，這對後來我所從事的工作非常有意義。我同時還得到了一個很好的機會瞭解如何領導一個企業，我從西點軍校獲益匪淺。」

精彩文章 26

不要激動

1965 年 9 月 7 日，世界台球冠軍爭奪賽在紐約舉行。在比賽中，路易士· 福克斯十分得意，因為他遠遠領先對手，只要再得幾分便可登上冠軍的寶座了。然而，正當路易士全力以赴拿下比賽時，發生了一個意料不到的細節：一隻蒼蠅落在台球上。這時路易士本沒在意，一揮手趕走蒼蠅，俯下身準備擊球。可當他的目光落到主球上時，這隻可惡的蒼蠅又落到了主球上。在觀眾的笑聲中，路易士又去趕蒼蠅，他的情緒也受到了影響。然而，這隻蒼蠅好像故意和他作對，路易士一回到台盤，蒼蠅也跟著飛了回來，惹得在場的觀眾開懷大笑。

路易士的情緒惡劣到了極點，終於失去了冷靜和理智，憤怒地用球杆去擊打蒼蠅，不小心球杆碰動台球，被裁判判為擊球，從而失去了一輪機會。本以為敗局已定的對手約翰· 迪瑞見狀勇氣大增，恢復信心，最終趕上並超過路易士，奪得了冠軍。路易士沮喪地離開了。第二天早上，有人在河裏發現了路易士的屍體，他投水自殺了。

這就是因為情緒失控而造成的可怕結局。其實路易士並不是沒有能力拿世界冠軍，可眼看金光閃閃的獎盃就要到手時，他卻暴露出了心理方面的致命弱點：對待影響自己情緒的小事不夠冷靜和理智，不能用意志來控制自己的憤怒情緒，最終失掉了冠軍甚至生命。

不可否認，在許多場合下，憤怒的反應都有其原因。但是人有理性有思維，人的行動不僅受情感的支配，而且要受理性的控制。要想維護自己的正當利益，僅採取憤怒一種反應方式是不夠的，還應該透過理性思維去找出更好的對策。

第一，想發脾氣的時候，做個深呼吸。從生理上看，憤怒需要消耗大量的能量，此時頭腦處於一種極度興奮的狀態，心跳加快，血液流動加速，這一切都要求有大量的氧氣補充。深呼吸後，氧氣的補充會使軀體處於一種平衡的狀態，情緒會得到一定程度的抑制。這時你雖然仍然處於興奮狀態，非常想發怒，但已有了一定的自控能力，數次深呼吸便可使自己逐漸平靜下來。

第二，要學會理智的分析。先不要激動，冷靜地全面考慮一下，也許會得出結論：激怒是沒有根據的，那還生什麼氣呢？將要發怒時，心裏快速想一下：對方的目的何在？他也許是無意中說錯了話，也許是存心想激怒別人。無論那種情況，都不能發怒。如果是前者，發怒會使你失去一位好朋友；如果是後者，發怒正是對方所希望的，他就是要故意毀壞你的形象，你就偏不讓他得逞！這樣稍加分析，就會很快控制住情緒。

第三，尋找共同點，避免紛爭。雖然對方在這個問題上與你意見不同，但在別的方面可能你們是有共同點的。你們可以擱置爭議，先就共同點進行合作。

第四，加強自制力修煉。自制力始終十分重要，特別是那些處於顯赫地位的人，在脈搏加快之前，要把需要解決的問題放一放，使自己平靜一下。

第五，保持沉默。俄國歷史上的女沙皇葉卡捷琳娜· 韋利卡婭就曾經採用過這種方法。當一位大臣惹她生氣時，她會急忙喝一大口水，在房間裏不停地走動，直到憤怒被寬容代替為止。

第六，聚精會神地練習。例如，咬緊嘴唇，舌頭緩慢沿上齶做切線移動 5～6 次，然後默默數到 10，再做幾個深呼吸。反覆幾次，也能擺脫憤怒情緒。

第七，回想美好時光。想一想你們過去親密合作時的愉快時光，也可回憶自己的得意之事，使自己心情放鬆下來。如果僅僅是因為一個信仰上的差異而想動怒，不妨把思緒帶到一個令人快意的天地裏，如美麗的海灘、柔和的陽光、廣闊的大海……你會覺得，人生是如此美好，大自然包羅萬象，人也應該有它那樣的博大胸懷，不能拘泥於一種觀念……想到這些，就容易克制自己的怒氣了。

第八，數數字法。西方民間流行的制怒辦法是在心裏默數數字，小怒從 1 數到 10，大怒則數到百以至千，數完再採取行動。

西點教官經常告誡人：在你遇到不順心的事情時，不要因一時憤怒做出過激或異常的行為，從而造成無法彌補的損失或無法挽回的後果。趕快收起你憤怒的火焰吧，化戾氣為平靜，這樣你才能讓憤怒的火焰在即將噴湧的那一刻熄滅。

精彩文章 27

遇事不亂，時刻保持冷靜

遇到危險或緊急情況時不慌亂，是情商訓練課程的一個重要內容。

情商高的人在性格上往往表現得冷靜理智，他們在生活中遇到任何挫折都不會產生喪氣、憂鬱、悲傷、絕望等負面情緒。人生的成功與失敗之間距離並不遙遠，有時候僅僅一點點距離就會讓你與成功失之交臂，失敗者缺乏的就是冷靜理智。

第二次世界大戰期間，有一艘美國軍艦停靠在某個港灣。那天晚上月朗星稀，週圍的海域一片寂靜。這本該是個美妙的夜晚，但是，就在這時，一位水兵例行巡視時，突然呆住了。他看見在不遠的海面上有一團漆黑的東西在漂浮著。借著星光，看到那東西離他越來越近，終於他看清了那是一枚觸發式水雷，有可能是從某處雷區脫離出來的。

情況十分危急，因為水雷正在朝著他所在的軍艦方向浮動，如果不及時採取措施，用不了多久水雷就會和軍艦「同歸於盡」，到時候，他和他的戰友們統統都會被炸死。

水兵不敢再往下想，趕緊抓起電話，通知了當天的值日官。值日官又馬上把情況報告給了艦長。於是，全艦馬上發出戒備訊號，大家紛紛警戒起來。然而，在這種情況下，除了恐慌，人們什麼辦法都想不出來，什麼事情也做不了，只是一個個愕然地注視著那枚漸漸靠近的水雷。

他們知道，如果現在起錨離開，已經太晚了，根本沒有足夠的時間。發動引擎使艦身和水雷漂離開，更是不可能，螺旋槳轉動只會使水雷更快地向軍艦漂來。用槍炮將水雷引爆？太危險了，那枚水雷實在是離艦上的彈藥庫太近了，到時候，炸的就不光是水雷了。

能想到的辦法都被逐一否決了，時間緊急，再不拿出個切實可行的方案，他們可真就完了。

就在這千鈞一髮的緊要關頭，有一名名不見經傳的水手突然大聲向軍官報告說：「長官，請趕緊讓人拿消防水龍頭來。」

水兵的大喊頓時打破了剛才凝重的氣氛，大家立刻明白了他所要採取的辦法。就這樣，全體官兵齊心協力用消防水龍頭向水雷噴水，形成了一股強勁的水流，把水雷帶向遠方，然後再由一名射擊高手將其引爆，一場危機終於被化解了。

或許你會覺得那位水兵太了不起了，怎麼能在那麼危急的關頭想出那麼妙的辦法呢？這得益於他的急中生智。

冷靜理智的性格能讓一個人在遇到任何突然發生的災難或者事故時，沉穩而不驚慌。這種情緒自控能力常常能讓一個人在絕境中尋找到生存的希望。

精彩文章 28

樂觀，遇事多往好處看

情商高的人具有較強的情緒調節能力、樂觀的心理素質、良好的人際關係。如果想提高自己的情商，那麼就從培養樂觀心態開始吧！

樂觀使人年輕，悲觀讓人衰老。一個樂觀的人可以在浩瀚的夜空裏發現星星的美麗，找到生活的樂趣；而一個心態悲觀的人只會讓自己被黑暗埋葬，深陷悲觀的心境不能自拔。其實，許多事情都是這樣，樂觀的心態總會帶來好結果，而悲觀的心態則會使一切變得灰暗。換一個角度，換一種心態，眼前的天空就會晴朗無比。

悲觀者看到別人給他半杯水，會抱怨：「怎麼只剩半杯水？」而樂觀者則笑說：「幸好還有半杯水。」同樣半杯水，你願意將眼光定位於擁有的這一半還是失去的那一半呢？這個選擇對你的一生將產生極大的影響。

1. 多想想事物好的一面

有些時候，我們變得焦躁不安，是由於局面變得自己無法控制。這個時候，我們應該承認現實，然後設法創造條件，使之向著有利的方向轉化。當煩惱襲來時，你可能會覺得自己是天底下最不幸的人，誰都比自己強。其實事實並非如此，也許你在某個方面是不幸的，但在其他方面又比別人幸運得多。多想一想自己經歷過的幸運的事，告訴自己在某些方面也是幸運的，這樣情緒就會好很多。

2. 不要過於挑剔

一般情況下，樂觀者都是性格堅定的人；而愁容滿面的人，又總是那些不夠寬容的人。愛挑剔的人看不慣社會上的一切，只有一切都符合自己理想中的模式時，這才感到順心。他們時常會給自己戴上是非分明的桂冠，其實這是一種消極干涉他人的人格。抱怨、挑剔都是情商低下的表現。

3. 把幽默當成習慣

幽默是一種智慧。有幽默感的人才有能力輕鬆地化解命運的不公，排除隨之而來的煩惱。所以，不妨在日常生活中培養一下自己的幽默能力，讓自己擁有更多的幽默細胞。

4. 做事要全力以赴

在人生的歷程中，你既不能被逆境困擾，也不能幻想出現奇蹟，而要腳踏實地、堅持不懈、全力以赴去爭取屬於自己的成功果實。

5. 能屈能伸

當遇到失敗時，我們常常會變得浮躁、悲觀，但這是無濟於事的。這個時候，我們需要冷靜地承認已經發生的一切，放棄生活中已成為自己負擔的東西，終止不能完成的計劃，並重新設計全新的生活。另外，應當做到能屈能伸，只要不是原則問題，就不必過分固執。

精彩文章 29

培養氣度的五個重點

情商高的人通常會在務實、寬恕、自律、尊重、涵養等五個方面表現出超乎尋常的能力和品質。

假如你希望成為一個有胸懷的人，假如你打算像西點軍人一樣擁有寬廣的胸襟和氣度，就要在務實、寬恕、自律、尊重和涵養這五個方面嚴格要求自己，來提高你的情商指數。

1. 培養務實精神

在這個世界上，每個人都不可能事事順心、處處如意。如果終日因為那些自己根本不可能改變的客觀環境而怨天尤人，就根本沒有辦法也沒有時間感受那些原本屬於自己的快樂，更不用談追尋自己的理想和興趣了。因此，在生活或工作中，只要盡了自己的全部努力，就應該對自己表示滿意，並儘量享受其中的樂趣——對於每個人而言，這種冷靜、豁達和務實的態度十分重要。

2. 學會寬恕別人

人際交往是建立在信任的基礎之上的。要以誠摯、寬容的胸懷對待別人，儘量原諒別人的過錯，由此，可能會得到信任和感激；相反，將別人的過錯記恨在心，只會陷入關係緊張、破裂的惡性循環，最後還可能付出更大的代價。

在生活中，產生誤解和矛盾是再正常不過的事情了。人經驗少，更容易與他人產生誤會或衝突。因此，遇事不要斤斤計較，而應謙讓大度，不要在意對方過激的態度或言辭，要勇於承擔自己的責任。

當看到別人「犯錯」時，首先告訴自己：先弄清事實再下結論。別人的做法未必是錯誤的，或者是我們自己還沒有理解別人的真實用意。每個人對別人的判斷都會受到自己主觀因素的影響，不一定完全公正，武斷地得出結論很容易引起誤會甚至衝突。所以，在做出判斷前，一定要弄清楚真相。

另外，如果確定對方犯了錯，應設法寬恕對方的過錯，這樣才能將交際或工作推進下去，也可以讓我們贏得更多的朋友。

3.鍛鍊自律能力

自律是指自我控制和自我調整的能力。它包括：自我控制不安定的情緒或衝動，在壓力面前保持清醒的頭腦，隨時都能清楚地知道自己的行為對他人造成的正面或負面的影響。

在即將憤怒的時候，要克制住自己的情緒，把它轉變成理智、平和的話語，這並不是一件很容易的事。要做到這一點，需要依靠自覺和自控這兩種能力。

自控屬於一種內心的自我對話，可以提醒自己不要落入暴怒或失態的陷阱。除了理智分析的方法外，深呼吸是最快、最簡單的情緒調節方法。

4.學會尊重別人

缺乏寬廣胸懷的人，聽到自己不認可的想法，可能會立即開始批評和辯論，甚至惡語傷人。其實，每個人對每件事都會有各自的看法和各自的理解，不能期望別人的意見與你保持一致。

伏爾泰說：「我不同意你說的話，但我願意誓死捍衛你說話的權利。」你也應用寬廣的胸懷包容並尊重他人的不同意見。

5.提升你的涵養

涵養指的是一個人在待人處世方面的修養，尤其是控制個人情緒的能力。有涵養的人在任何時候都可以表現出一種從容不迫、寵辱不驚的心態來。

從本質上說，人的涵養是一種強大的心靈力量，是另一種形式的智慧。應當修煉自己的道德修養，開闊自己的心胸。應該學會審時度勢，把握人與自然、人與社會、人與人之間的關係，力求做到置得失於度外。

精彩文章 30

測評與提高銷售員的情緒控制能力

1.目的

本測驗考察銷售人員的情緒控制能力。本測驗從銷售人員理解銷售目的的角度對銷售人員的情緒控制能力進行評估。有助於銷售人員有效認識自我，評估個體的職業發展前景，從而提高銷售能力。透過團隊評測也可為組織的診斷、管理、建設及員工培訓提供有益的參考。

廣泛適用於任何打算從事銷售工作的人，本測驗可以為他們提供保持良好的情緒的分析與建議，對個體是否適合做出初步的判斷。

適用於對組織全體銷售人員的團隊施測，可瞭解各級銷售人員的情緒控制能力狀況，為實施有效管理、培訓提供建議和依據。

每道題目陳述一個觀點，選出最能代表你目前的信念、局限或行為的分數。表中 A、B、C、D、E 代表的意義如下：「A」表示總是，無一例外；「B」表示絕大部份情況下；「C」表示多數情況下；「D」表示部份情況下；「E」表示偶爾。「1、2、3、4、5」代表分數。

2. 測驗題

序號	題目	A	B	C	D	E
1	你認為銷售是派給別人的購買任務。	1	2	3	4	5
2	你認為銷售是在幫助別人實現他們的某種夙願。	5	4	3	2	1
3	你認為銷售就是為自己掙錢。	1	2	3	4	5
4	你認為銷售是對顧客和自己雙贏的事情。	5	4	3	2	1
5	你的情緒極易受到顧客態度的影響。	1	2	3	4	5
6	你能保持樂觀的心態，即使連續銷售不順也不會萎靡不振。	5	4	3	2	1
7	你打電話之前會猶豫半天，唯恐會遭到顧客的拒絕。	1	2	3	4	5
8	你打電話聯繫客戶之前從不擔心會遭到顧客的拒絕。	5	4	3	2	1
9	一旦遭到顧客的拒絕你便會精神不振。	1	2	3	4	5
10	即使遭到顧客的拒絕你也不會氣餒。	5	4	3	2	1
11	你總是被顧客的消極回應所左右，內心也產生消極情緒。	1	2	3	4	5
12	顧客的消極情緒是他們自己的，與我無關。	5	4	3	2	1
13	如果銷售沒有成功，你會責怪自己的成交能力太差。	1	2	3	4	5
14	如果不能成交，你會認為是時機和方案不對。	5	4	3	2	1
15	你認為銷售成交的最大受益人只是你。	1	2	3	4	5
16	你認為顧客和你都是成交的受益人。	5	4	3	2	1
17	你把顧客的疑慮看做是他們可能不買的原因。	1	2	3	4	5
18	你把顧客的疑慮看做是他們發生興趣的積極表現。	5	4	3	2	1
19	你會擔心顧客有疑慮或拒絕你，只看到他們的負面行為。	1	2	3	4	5
20	在解釋產品或服務時，你要求、歡迎顧客的提問或責難。	5	4	3	2	1
21	你總是擔心顧客不買你的東西或不喜歡你。	1	2	3	4	5
22	考察是否可以為顧客創造價值總是會令我感到激動。	5	4	3	2	1
23	聯繫顧客時你的主要目的是售出商品。	1	2	3	4	5
24	與他人聯繫時你的主要目的是理解他們的需求或目標。	5	4	3	2	1
25	你過分在乎自己是否能回答顧客問題、解決他們的疑慮。	1	2	3	4	5
26	你工作的中心是傾聽並理解顧客。	5	4	3	2	1
27	你經常會擔心自己不能很好地與客戶溝通。	1	2	3	4	5
28	你對自己與顧客交流的技巧非常自信。	5	4	3	2	1
29	你會見顧客前會考慮客戶是否會喜歡或接受你。	1	2	3	4	5
30	你主要考慮的是理解顧客。	5	4	3	2	1

3. 計分規則

計算出所有 30 個題目的總分即為你本測驗得分。

測驗得分與銷售人員情緒控制能力相關評價見下表。

銷售人員情緒控制能力評價表

得分	評價
120～150分	你有很強的情緒控制能力。在你看來，銷售的目的是在幫助客戶解決某些問題，銷售的不順利並不能給你帶來不良的情緒反應；銷售中你不畏挫折，不懼拒絕，始終保持飽滿的工作熱情。
90～119分	你的情緒控制能力較強，你並不把銷售活動看成是顧客在幫助你完成任務，相反你會看成是你在幫助客戶解決某一方面的問題。但在情緒控制方面尚需努力。
60～89分	對於自我成功的能力，懷著比較積極的心態。但有時可能控制不了自己的情緒，有畏懼銷售的情況出現。今後還應改變一些對自己的情緒不利的認識，提高控制情緒的能力。
30～59分	你對銷售的認識存在局限性。你可能認為銷售的成功是顧客對你的照顧或幫助，你害怕拒絕，不敢給顧客打電話，可能會害怕受到挫折。
30分以下	你在生活和銷售的諸多紛擾中掙扎。有時你很積極，有時你卻心生疑竇，只看到消極，對銷售沒有一個正確的認識，你可能很難完成銷售任務。

精彩文章 31

戰勝恐懼的五個技巧

戰勝恐懼情緒，只能依靠自己，指望別人的幫助是無用的，走出荒漠最終憑藉的是自身的力量與決心。克服恐懼情緒看起來非常困難，但改變卻在一念之間。其實，生活中有很多恐懼和擔心完全是由我們自己想像出來的，想要驅除它，必須在潛意識裏徹底根除它。生活中，當心裏出現恐懼情緒時，可以借助以下技巧克服。

1. 情緒轉移——擺弄幾下自己熟悉的小物品

隨身攜帶一個或幾個自己熟悉的小物品，例如鑰匙串、鋼筆、旅行剪刀等，當出現恐懼情緒時，可以拿出來擺弄幾下。因為它們都是你所熟悉的物品，可以給你帶來親切感和可靠感，無形中會讓你感到放鬆，幫助你活躍思維，打開思路。另外，還可以透過打籃球、散步、聽音樂、默想等方式來轉移自己的注意力，有效緩解恐懼情緒。

2. 拉緊或放鬆肌肉

當陷入深深的恐懼情緒中時，可以適當地拉緊、放鬆手部或腿部肌肉，這會幫助你釋放多餘的腎上腺素，減緩恐懼情緒。但有一點需要注意，做這些運動的時候一定要平緩，不要過於劇烈。

3. 腹式呼吸法

從生理的角度來看，腹式呼吸能更有效地吸收氧氣並排放二氧化碳，從而讓身體更加輕鬆。腹式呼吸是指吸氣的時候腹部鼓起，呼氣的時候腹部收縮，胸部是不動的。呼氣和吸氣一定要緩慢，在準備呼氣和吸氣之前停頓一下，每次停頓的時候清空大腦，不要有任何雜念。

4. 自我暗示，放下包袱

例如考試怯場是一種青少年經常出現的恐懼情緒，此時要給自己一個積極的心理暗示，讓自己放下思想上的包袱，可以對自己說「考試時誰都會緊張，如果別人能成功克服，那麼我也能」「能不能拿第一無所謂，只要盡力就行」等等。

5. 養成讀書的習慣

愚昧產生恐懼，知識消除恐懼。在生活中，如果你對某件事懷有恐懼情緒，往往是因為你對其認識得不夠全面，進而產生畏懼。平時可以多讀一些心理、歷史以及自然科學方面的書。

精彩文章 32

自信訓練法

自信心的建立並非我們想像的那樣困難，它是一個認識自我、肯定自我的過程。可以嘗試一些培養自信的活動，例如加強社會交往等，並保持這些好習慣，這樣自信心便會逐漸在心中復蘇、生根，並逐漸主導潛意識。經過一段時間的努力，自信心便會融入性格。

建立自信的方法與技巧如下。

1. 正確地認識和評價自我

要建立自信，首先要科學、正確地認識自我，充分認識自己的能力、素質和心理特點，要有實事求是的態度，不誇大自己的缺點，也不抹殺自己的長處，這樣才能確立合理的追求目標。另外，要注意對缺陷的彌補和優點的發揚，將自卑的壓力變為發揮優勢的動力，從而建立自信。

當感到自卑、煩躁、缺乏自信時，多方面分析原因，是否由於家庭出身、受到的教育、從小到大的環境？是否缺少親友幫助？人生信念是什麼？人生目標是什麼？這樣便能找出缺乏自信的原因。每個人的條件不同，追求目標不同，理智地分析，就不會因某一時、某一專長不如人而自卑。

2. 保持獨立和自立

「獨立」和「自立」，是每一個成年人都應該具備的能力。按照法律規定，成年人就是年滿 18 週歲具有完全民事責任的人，這包含兩個要素：從生理角度上來說滿 18 週歲，可以自立謀生；從公民的角度來說，成年人必須獨立，能夠自己判斷、選擇、負責自己的人生道路，因此能完全承擔民事責任。但是，法定不代表現實，而且生活的獨立和自立還遠遠不夠。我們還需要有意識地培養獨立的思想和自立的個性，進而把自立昇華成自強。一個真正自立的人，必然能夠堅持自己，並能在遭遇困難和挫折時相信自己，進而將磨難轉化為一種難得的鍛鍊。

3. 在社交活動中鍛鍊自信心

不要總以為別人看不起你而離群索居。如果我們自己瞧得起自己，別人也就不會再輕易小看我們。能不能從良好的人際關係中得到激勵，關鍵還在於自己。多與人交往，發揮自己的長處，有利於在社交活動中鍛鍊自己的能力，樹立信心，進而避免離群索居帶來的心理封閉等不良影響。

4.主動和別人說話

主動和別人交談可以鍛鍊你的自信。閉門獨思、自我封閉的態度，無異於對自信心的扼殺。

5.養成坐在前排的習慣

在各種形式的集會上、課堂上，後面的位子總是先被人坐滿。願意坐在後面的人，大都不想引入注意，這是由於缺乏信心。敢於坐在前面，就是敢於把自己置於眾目睽睽之下，必須有足夠的勇氣和膽量。長期坐在前面，並養成這個習慣，無形中會提升自信。

6.交談時正視對方的眼睛

眼睛是心靈的視窗，一個人的眼神可以折射出性格、透露出情感。不敢正視別人，意味著自卑、膽怯、恐懼；躲避別人的眼神，則折射出陰暗、不坦蕩。正視對方的眼睛等於向對方表明：我尊重你，我也有信心贏得你的尊重。所以，在交談中正視對方的眼睛，可以增強自信心。

7.多在公開場合發言

面對大眾講話，需要勇氣和膽量，這是培養和鍛鍊自信的重要途徑，儘量多發言就會增強信心。有許多原本木訥或口吃的人都是透過練習當眾講話而變得自信起來的，如蕭伯納、田中角榮等人。

8.利用自我暗示

培養自信，要學會在各種活動中自我提示：「我不是弱者，我不比別人差，別人能做到的，我也能做到。」認準了的事就要堅持下去，並爭取成功，不斷的成功又能使你看到自己的力量，變自卑為自信。給自己創造機會，展示自我，鍛鍊的機會多了，就會在實踐中發現自己的長處。

9. 做自己喜歡的人和事

愛因斯坦曾對相對論有個經典的解釋：一位先生和一位漂亮女孩在一起待上一個小時，他會感覺時間像一分鐘那樣短暫；如果讓他獨自在灼熱的火爐邊待上一分鐘，他就會感覺時間比一個小時還漫長。這個例子說明：跟喜歡的人在一起或者做喜歡的事，會感到幸福和快樂，反之，所有壞情緒都會到來。做自己喜歡的人，做自己喜歡的事，堅持夢想，這是自信的重要來源之一。

10. 克服浮躁心態

如果我們經常存有消極的心態，或者不良的情緒，就無法建立自信。在人格當中，造成心態和情緒不良的因素很多，有自身的問題，也有外在的原因，感情、家庭、性格、環境、學習、就業等，甚至連身上的服裝、一時的天氣，都能讓人心情不佳和情緒不良。因此，重要的是我們要有自我調整的能力，甚至能夠以強制的方式克制自己，讓情緒穩定、心態平和，保持信心。

精彩文章 33

培養自制力的七個法則

情商的高低，對一個人的成功有著重要作用，自制力作為情商的一個重要因素，更有著非同尋常的意義。因此，著名情商學家拿破崙·希爾說：「一個有自制力的人不易被別人輕易打倒；能夠控制自己的人，通常能夠做好自己的工作，不管多麼大的困難都能克服。」

一些情商研究者對美國各監獄的 16 萬名成年犯人做過一項調查，發現了一個驚人的事實：這些不幸的罪犯之所以淪落到監獄中，有 90%是因為缺乏必要的自制力，未能把自己的精力用在積極有益的方面。

1. 培養自制力的法則

著名情商學家拿破崙· 希爾提出了培養自制力的法則，你可以試一試。

⑴時間控制

只有控制自己的時間，才能改變自己的一切。所以，要充分安排自己的時間，什麼時候工作，什麼時候遊戲，什麼時候休息，什麼時候發呆……讓自己每天的生活都過得合理而充實。有效控制自己的時間是提升自制力的第一步。

⑵思想控制

每個人都可以控制自己的思想與想像性的創造。一旦思想不受控制，遊離在工作之外，我們就遠離了高效。凡事只有思想集中才能高效地完成。

⑶對象控制

雖然無法選擇共同工作或一起相處的人，但是可以選擇共度時間最多的人，也可以認識新朋友，找出成功的楷模，向他們學習。多和高效人士相處，你將會更快地成為高效人士。

⑷溝通控制

溝通中最主要的，就是聆聽、觀察以及吸收。在溝通時，要用資訊來使聆聽者獲得一些價值，並達到彼此瞭解。

⑸承諾控制

每個人都有責任使雙方溝通的內容成為一種契約式的承諾，定下次序與期限，按部就班、平穩地實現自己的承諾。

⑹目標控制

有了自己的思想、交往對象以及承諾之後，就可以定下生活中的長期目標，而這個目標也就成為我們的理想。理想會使我們擁有信心和勇氣去面對工作中的困難，從而完成任務。

⑺憂慮控制

在生活中，必須面對各種困難，從事具有挑戰性的工作，在不斷努力中獲得自我的滿足感。人生的真正報酬決定於貢獻的質與量。不論長期或短期，我們會因為自己所播種的種子而得到收穫。如同我們的職業，必須先提供勞務，才能談論薪金和各種福利事項。

2.培養自制力的技巧

⑴獲得動力

情商專家指出，一個人的認識水準和動機水準，會影響他的自制力。一個成就動機強烈、人生目標遠大的人，會自覺抵制各種誘惑，擺脫消極情緒的影響。他無論考慮任何問題，都著眼於事業的進取和長遠的目標，從而獲得一種自我控制的動力。

⑵從小事做起

高爾基說:「那怕是對自己小小地克制,也會使人變得更加堅強。」人的自制力是在學習、生活、工作中的千萬件小事中培養、鍛鍊出來的。許多事情雖然看似微不足道，但卻會影響到一個人自制力的形成。例如早上按時起床、嚴格遵守各種制度、按時完成學習計劃等，都可積小成大，鍛鍊自制力。

⑶經常進行自警

如果學習時忍不住想看電視，馬上警告自己，管住自己；當遇到困難想退縮時，不妨馬上警告自己別懦弱。這樣往往會喚起自尊，戰勝怯懦，成功地控制自己。

⑷用毅力控制不良嗜好

用毅力控制不良嗜好是增強自制力的一個途徑。以抽煙、酗酒為例，如果有勇氣，就應該戒掉它們。

方法一：必須自始至終、勇敢地對抗自己抽煙喝酒的慾望，讓戒煙戒酒的習慣自然而然地形成。所以必須把誘使我們吸煙喝酒的想法用其他事情來代替。堅決不去想它們，心裏只想著那個能夠代替它們的東西。

方法二：如果養成喝酒習慣的原因是某種身體因素，那麼可以用食物和其他對身體沒有傷害的飲料來維持身體的良好狀態。如果喝酒是出於某種心理原因，就需要用另一種心理願望來支撐它。

方法三：不要告訴別人自己付出了多大的努力。不要一個勁地想戒煙或戒酒的時候自己多麼痛苦。讓自己忙個不停，儘量在戶外活動。每天儘量讓自己有充足的睡眠。每天喝大量的純淨水。如果天熱就儘量出汗。把煙和酒放在自己看不見的地方，不要想它們。如果腦子裏想到煙和酒，馬上把它們趕走，讓腦子想一想其他的事情。

方法四：不要可憐自己，不要為自己正在遭受的痛苦和脆弱難過不已，更不要追求殉道者的神聖。不要把自己列入英雄的改革家行列。戒煙戒酒沒什麼，不要自以為了不得，不要總想著自己正在做一件偉大的事情。我們可以把煙和酒徹底忘掉，如果我們一心想做到的話。

149	展覽會行銷技巧	360 元
150	企業流程管理技巧	360 元
152	向西點軍校學管理	360 元
154	領導你的成功團隊	360 元
155	頂尖傳銷術	360 元
160	各部門編制預算工作	360 元
163	只為成功找方法，不為失敗找藉口	360 元
167	網路商店管理手冊	360 元
168	生氣不如爭氣	360 元
170	模仿就能成功	350 元
176	每天進步一點點	350 元
181	速度是贏利關鍵	360 元
183	如何識別人才	360 元
184	找方法解決問題	360 元
185	不景氣時期，如何降低成本	360 元
186	營業管理疑難雜症與對策	360 元
187	廠商掌握零售賣場的竅門	360 元
188	推銷之神傳世技巧	360 元
189	企業經營案例解析	360 元
191	豐田汽車管理模式	360 元
192	企業執行力（技巧篇）	360 元
193	領導魅力	360 元
198	銷售說服技巧	360 元
199	促銷工具疑難雜症與對策	360 元
200	如何推動目標管理（第三版）	390 元
201	網路行銷技巧	360 元
204	客戶服務部工作流程	360 元
206	如何鞏固客戶（增訂二版）	360 元
208	經濟大崩潰	360 元
215	行銷計劃書的撰寫與執行	360 元
216	內部控制實務與案例	360 元
217	透視財務分析內幕	360 元
219	總經理如何管理公司	360 元
222	確保新產品銷售成功	360 元
223	品牌成功關鍵步驟	360 元
224	客戶服務部門績效量化指標	360 元
226	商業網站成功密碼	360 元
228	經營分析	360 元
229	產品經理手冊	360 元

230	診斷改善你的企業	360 元
232	電子郵件成功技巧	360 元
234	銷售通路管理實務〈增訂二版〉	360 元
235	求職面試一定成功	360 元
236	客戶管理操作實務〈增訂二版〉	360 元
237	總經理如何領導成功團隊	360 元
238	總經理如何熟悉財務控制	360 元
239	總經理如何靈活調動資金	360 元
240	有趣的生活經濟學	360 元
241	業務員經營轄區市場（增訂二版）	360 元
242	搜索引擎行銷	360 元
243	如何推動利潤中心制度（增訂二版）	360 元
244	經營智慧	360 元
245	企業危機應對實戰技巧	360 元
246	行銷總監工作指引	360 元
247	行銷總監實戰案例	360 元
248	企業戰略執行手冊	360 元
249	大客戶搖錢樹	360 元
250	企業經營計劃〈增訂二版〉	360 元
252	營業管理實務（增訂二版）	360 元
253	銷售部門績效考核量化指標	360 元
254	員工招聘操作手冊	360 元
256	有效溝通技巧	360 元
257	會議手冊	360 元
258	如何處理員工離職問題	360 元
259	提高工作效率	360 元
261	員工招聘性向測試方法	360 元
262	解決問題	360 元
263	微利時代制勝法寶	360 元
264	如何拿到 VC（風險投資）的錢	360 元
267	促銷管理實務〈增訂五版〉	360 元
268	顧客情報管理技巧	360 元
269	如何改善企業組織績效〈增訂二版〉	360 元
270	低調才是大智慧	360 元
272	主管必備的授權技巧	360 元

275	主管如何激勵部屬	360 元
276	輕鬆擁有幽默口才	360 元
277	各部門年度計劃工作（增訂二版）	360 元
278	面試主考官工作實務	360 元
279	總經理重點工作（增訂二版）	360 元
282	如何提高市場佔有率（增訂二版）	360 元
283	財務部流程規範化管理（增訂二版）	360 元
284	時間管理手冊	360 元
285	人事經理操作手冊（增訂二版）	360 元
286	贏得競爭優勢的模仿戰略	360 元
287	電話推銷培訓教材（增訂三版）	360 元
288	贏在細節管理（增訂二版）	360 元
289	企業識別系統 CIS（增訂二版）	360 元
290	部門主管手冊（增訂五版）	360 元
291	財務查帳技巧（增訂二版）	360 元
292	商業簡報技巧	360 元
293	業務員疑難雜症與對策（增訂二版）	360 元
294	內部控制規範手冊	360 元
295	哈佛領導力課程	360 元
296	如何診斷企業財務狀況	360 元
297	營業部轄區管理規範工具書	360 元
298	售後服務手冊	360 元
299	業績倍增的銷售技巧	400 元
300	行政部流程規範化管理（增訂二版）	400 元
301	如何撰寫商業計畫書	400 元
302	行銷部流程規範化管理（增訂二版）	400 元
303	人力資源部流程規範化管理（增訂四版）	420 元
304	生產部流程規範化管理（增訂二版）	400 元
305	績效考核手冊（增訂二版）	400 元
306	經銷商管理手冊（增訂四版）	420 元
307	招聘作業規範手冊	420 元
308	喬・吉拉德銷售智慧	400 元
309	商品鋪貨規範工具書	400 元
310	企業併購案例精華（增訂二版）	420 元
311	客戶抱怨手冊	400 元
312	如何撰寫職位說明書（增訂二版）	400 元
313	總務部門重點工作（增訂三版）	400 元
314	客戶拒絕就是銷售成功的開始	400 元
315	如何選人、育人、用人、留人、辭人	400 元
316	危機管理案例精華	400 元
317	節約的都是利潤	400 元
318	企業盈利模式	400 元

《商店叢書》

18	店員推銷技巧	360 元
30	特許連鎖業經營技巧	360 元
35	商店標準操作流程	360 元
36	商店導購口才專業培訓	360 元
37	速食店操作手冊〈增訂二版〉	360 元
38	網路商店創業手冊〈增訂二版〉	360 元
40	商店診斷實務	360 元
41	店鋪商品管理手冊	360 元
42	店員操作手冊（增訂三版）	360 元
43	如何撰寫連鎖業營運手冊〈增訂二版〉	360 元
44	店長如何提升業績〈增訂二版〉	360 元
45	向肯德基學習連鎖經營〈增訂二版〉	360 元
47	賣場如何經營會員制俱樂部	360 元
48	賣場銷量神奇交叉分析	360 元
49	商場促銷法寶	360 元
51	開店創業手冊〈增訂三版〉	360 元
53	餐飲業工作規範	360 元
54	有效的店員銷售技巧	360 元

55	如何開創連鎖體系〈增訂三版〉	360 元
56	開一家穩賺不賠的網路商店	360 元
57	連鎖業開店複製流程	360 元
58	商鋪業績提升技巧	360 元
59	店員工作規範（增訂二版）	400 元
60	連鎖業加盟合約	400 元
61	架設強大的連鎖總部	400 元
62	餐飲業經營技巧	400 元
63	連鎖店操作手冊（增訂五版）	420 元
64	賣場管理督導手冊	420 元
65	連鎖店督導師手冊（增訂二版）	420 元
66	店長操作手冊（增訂六版）	420 元
67	店長數據化管理技巧	420 元

《工廠叢書》

13	品管員操作手冊	380 元
15	工廠設備維護手冊	380 元
16	品管圈活動指南	380 元
17	品管圈推動實務	380 元
20	如何推動提案制度	380 元
24	六西格瑪管理手冊	380 元
30	生產績效診斷與評估	380 元
32	如何藉助 IE 提升業績	380 元
35	目視管理案例大全	380 元
38	目視管理操作技巧（增訂二版）	380 元
46	降低生產成本	380 元
47	物流配送績效管理	380 元
51	透視流程改善技巧	380 元
55	企業標準化的創建與推動	380 元
56	精細化生產管理	380 元
57	品質管制手法〈增訂二版〉	380 元
58	如何改善生產績效〈增訂二版〉	380 元
67	生產訂單管理步驟〈增訂二版〉	380 元
68	打造一流的生產作業廠區	380 元
70	如何控制不良品〈增訂二版〉	380 元
71	全面消除生產浪費	380 元
72	現場工程改善應用手冊	380 元
75	生產計劃的規劃與執行	380 元
77	確保新產品開發成功（增訂四版）	380 元
79	6S 管理運作技巧	380 元
80	工廠管理標準作業流程〈增訂二版〉	380 元
83	品管部經理操作規範〈增訂二版〉	380 元
84	供應商管理手冊	380 元
85	採購管理工作細則〈增訂二版〉	380 元
87	物料管理控制實務〈增訂二版〉	380 元
88	豐田現場管理技巧	380 元
89	生產現場管理實戰案例〈增訂三版〉	380 元
90	如何推動 5S 管理（增訂五版）	420 元
92	生產主管操作手冊（增訂五版）	420 元
93	機器設備維護管理工具書	420 元
94	如何解決工廠問題	420 元
95	採購談判與議價技巧〈增訂二版〉	420 元
96	生產訂單運作方式與變更管理	420 元
97	商品管理流程控制（增訂四版）	420 元
98	採購管理實務〈增訂六版〉	420 元
99	如何管理倉庫〈增訂八版〉	420 元
100	部門績效考核的量化管理（增訂六版）	420 元

《醫學保健叢書》

1	9 週加強免疫能力	320 元
3	如何克服失眠	320 元
4	美麗肌膚有妙方	320 元
5	減肥瘦身一定成功	360 元
6	輕鬆懷孕手冊	360 元
7	育兒保健手冊	360 元
8	輕鬆坐月子	360 元
11	排毒養生方法	360 元
13	排除體內毒素	360 元
14	排除便秘困擾	360 元
15	維生素保健全書	360 元
16	腎臟病患者的治療與保健	360 元

17	肝病患者的治療與保健	360 元
18	糖尿病患者的治療與保健	360 元
19	高血壓患者的治療與保健	360 元
22	給老爸老媽的保健全書	360 元
23	如何降低高血壓	360 元
24	如何治療糖尿病	360 元
25	如何降低膽固醇	360 元
26	人體器官使用說明書	360 元
27	這樣喝水最健康	360 元
28	輕鬆排毒方法	360 元
29	中醫養生手冊	360 元
30	孕婦手冊	360 元
31	育兒手冊	360 元
32	幾千年的中醫養生方法	360 元
34	糖尿病治療全書	360 元
35	活到 120 歲的飲食方法	360 元
36	7 天克服便秘	360 元
37	為長壽做準備	360 元
39	拒絕三高有方法	360 元
40	一定要懷孕	360 元
41	提高免疫力可抵抗癌症	360 元
42	生男生女有技巧〈增訂三版〉	360 元

《培訓叢書》

11	培訓師的現場培訓技巧	360 元
12	培訓師的演講技巧	360 元
15	戶外培訓活動實施技巧	360 元
17	針對部門主管的培訓遊戲	360 元
20	銷售部門培訓遊戲	360 元
21	培訓部門經理操作手冊（增訂三版）	360 元
23	培訓部門流程規範化管理	360 元
24	領導技巧培訓遊戲	360 元
25	企業培訓遊戲大全(增訂三版)	360 元
26	提升服務品質培訓遊戲	360 元
27	執行能力培訓遊戲	360 元
28	企業如何培訓內部講師	360 元
29	培訓師手冊（增訂五版）	420 元
30	團隊合作培訓遊戲(增訂三版)	420 元
31	激勵員工培訓遊戲	420 元
32	企業培訓活動的破冰遊戲（增訂二版）	420 元
33	解決問題能力培訓遊戲	420 元
34	情緒管理培訓遊戲	420 元

《傳銷叢書》

4	傳銷致富	360 元
5	傳銷培訓課程	360 元
10	頂尖傳銷術	360 元
12	現在輪到你成功	350 元
13	鑽石傳銷商培訓手冊	350 元
14	傳銷皇帝的激勵技巧	360 元
15	傳銷皇帝的溝通技巧	360 元
19	傳銷分享會運作範例	360 元
20	傳銷成功技巧（增訂五版）	400 元
21	傳銷領袖（增訂二版）	400 元
22	傳銷話術	400 元

《幼兒培育叢書》

1	如何培育傑出子女	360 元
2	培育財富子女	360 元
3	如何激發孩子的學習潛能	360 元
4	鼓勵孩子	360 元
5	別溺愛孩子	360 元
6	孩子考第一名	360 元
7	父母要如何與孩子溝通	360 元
8	父母要如何培養孩子的好習慣	360 元
9	父母要如何激發孩子學習潛能	360 元
10	如何讓孩子變得堅強自信	360 元

《成功叢書》

1	猶太富翁經商智慧	360 元
2	致富鑽石法則	360 元
3	發現財富密碼	360 元

《企業傳記叢書》

1	零售巨人沃爾瑪	360 元
2	大型企業失敗啟示錄	360 元
3	企業併購始祖洛克菲勒	360 元
4	透視戴爾經營技巧	360 元
5	亞馬遜網路書店傳奇	360 元
6	動物智慧的企業競爭啟示	320 元
7	CEO 拯救企業	360 元
8	世界首富　宜家王國	360 元

9	航空巨人波音傳奇	360 元
10	傳媒併購大亨	360 元

《智慧叢書》

1	禪的智慧	360 元
2	生活禪	360 元
3	易經的智慧	360 元
4	禪的管理大智慧	360 元
5	改變命運的人生智慧	360 元
6	如何吸取中庸智慧	360 元
7	如何吸取老子智慧	360 元
8	如何吸取易經智慧	360 元
9	經濟大崩潰	360 元
10	有趣的生活經濟學	360 元
11	低調才是大智慧	360 元

《DIY 叢書》

1	居家節約竅門 DIY	360 元
2	愛護汽車 DIY	360 元
3	現代居家風水 DIY	360 元
4	居家收納整理 DIY	360 元
5	廚房竅門 DIY	360 元
6	家庭裝修 DIY	360 元
7	省油大作戰	360 元

《財務管理叢書》

1	如何編制部門年度預算	360 元
2	財務查帳技巧	360 元
3	財務經理手冊	360 元
4	財務診斷技巧	360 元
5	內部控制實務	360 元
6	財務管理制度化	360 元
8	財務部流程規範化管理	360 元
9	如何推動利潤中心制度	360 元

為方便讀者選購，本公司將一部分上述圖書又加以專門分類如下：

《主管叢書》

1	部門主管手冊（增訂五版）	360 元
2	總經理行動手冊	360 元
4	生產主管操作手冊（增訂五版）	420 元
5	店長操作手冊（增訂六版）	420 元
6	財務經理手冊	360 元
7	人事經理操作手冊	360 元
8	行銷總監工作指引	360 元
9	行銷總監實戰案例	360 元

《總經理叢書》

1	總經理如何經營公司(增訂二版)	360 元
2	總經理如何管理公司	360 元
3	總經理如何領導成功團隊	360 元
4	總經理如何熟悉財務控制	360 元
5	總經理如何靈活調動資金	360 元

《人事管理叢書》

1	人事經理操作手冊	360 元
2	員工招聘操作手冊	360 元
3	員工招聘性向測試方法	360 元
5	總務部門重點工作	360 元
6	如何識別人才	360 元
7	如何處理員工離職問題	360 元
8	人力資源部流程規範化管理（增訂四版）	420 元
9	面試主考官工作實務	360 元
10	主管如何激勵部屬	360 元
11	主管必備的授權技巧	360 元
12	部門主管手冊（增訂五版）	360 元

《理財叢書》

1	巴菲特股票投資忠告	360 元
2	受益一生的投資理財	360 元
3	終身理財計劃	360 元
4	如何投資黃金	360 元
5	巴菲特投資必贏技巧	360 元
6	投資基金賺錢方法	360 元
7	索羅斯的基金投資必贏忠告	360 元
8	巴菲特為何投資比亞迪	360 元

《網路行銷叢書》

1	網路商店創業手冊〈增訂二版〉	360 元
2	網路商店管理手冊	360 元
3	網路行銷技巧	360 元
4	商業網站成功密碼	360 元
5	電子郵件成功技巧	360 元
6	搜索引擎行銷	360 元

《企業計劃叢書》

1	企業經營計劃〈增訂二版〉	360 元
2	各部門年度計劃工作	360 元
3	各部門編制預算工作	360 元
4	經營分析	360 元
5	企業戰略執行手冊	360 元

當市場競爭激烈時：

培訓員工，強化員工競爭力是企業最佳對策

「人才」是企業最大的財富。如何提升人才，是企業永續經營、戰勝對手的核心競爭力。積極培訓公司內部員工，是經濟不景氣時期的最佳戰略，而最快速的具體作法，就是**「建立企業內部圖書館，鼓勵員工多閱讀、多進修專業書籍」**

建議您：請一次購足本公司所出版各種經營管理類圖書，作為貴公司內部員工培訓圖書。使用率高的（例如「贏在細節管理」），準備 3 本；使用率低的（例如「工廠設備維護手冊」），只買 1 本。

培訓叢書 ㉞ 售價：420 元

情商管理培訓遊戲

西元二〇一六年四月 初版一刷

編輯指導：黃憲仁

編著：江凱恩（臺北） 呂承瑞（武漢）

策劃：麥可國際出版有限公司（新加坡）

編輯：蕭玲

校對：劉飛娟

發行人：黃憲仁

發行所：憲業企管顧問有限公司

電話：(02) 2762-2241 (03) 9310960 0930872873

電子郵件聯絡信箱：huang2838@yahoo.com.tw

銀行 ATM 轉帳：合作金庫銀行 帳號：5034-717-347447

郵政劃撥：18410591 憲業企管顧問有限公司

登記證：行政業新聞局版台業字第 6380 號

本圖書是由憲業企管顧問（集團）公司所出版，以專業立場，為企業界提供最專業的各種經營管理類圖書。

圖書編號 ISBN：978-986-369-039-9